열려라 심화

초등수학

6-2

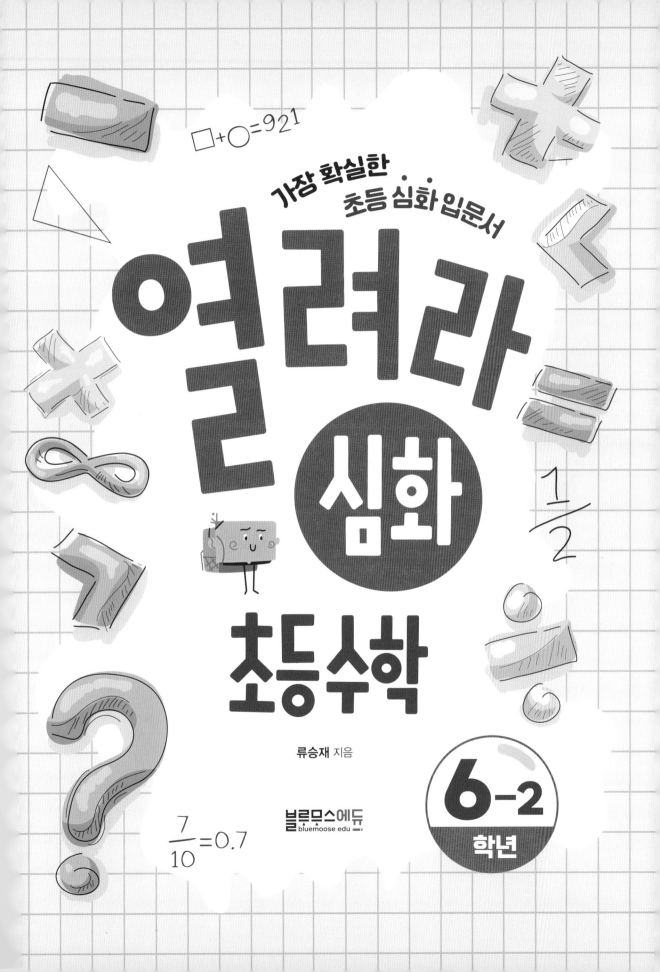

□+○=921

가장 확실한
초등 심화 입문서

역려라

심화

초등수학

류승재 지음

6-2
학년

$\frac{1}{2}$

$\frac{7}{10}=0.7$

블루무스에듀
bluemoose edu

누구나 심화 잘할 수 있습니다!
교재를 잘 만난다면 말이죠

이 책은 새로운 개념의 심화 입문교재입니다. 이 책을 다 풀면 교과서와 개념·응용교재에서 배운 개념을 재확인하는 것부터 시작해서 심화까지 한 학기 분량을 총정리하는 효과가 있습니다.

개념·응용교재에서 심화로의 연착륙을 돕도록 구성

시간과 노력을 들여 풀 만한 좋은 문제들로만 구성했습니다. 응용에서 심화로의 연착륙이 수월하도록 난도를 조절하는 한편, 중등 과정과의 연계성 측면에서 의미 있는 문제들만 엄선했습니다. 선행개념은 지금 단계에서 의미 있는 것들만 포함시켰습니다. 애초에 심화의 목적은 어려운 문제를 오랫동안 생각하며 푸는 것이기에 너무 많은 문제를 풀 필요가 없습니다. 또한 응용교재에 비해 지나치게 어려워진 심화교재에 도전하다 포기하거나, 도전하기도 전에 어마어마한 양에 겁부터 집어먹는 수많은 학생들을 봐 왔기에 내용과 양 그리고 난이도를 조절했습니다. 참고로 교과서 6단원 원기둥, 원뿔, 구의 경우, 특정 유형으로 정리하기에는 적합하지 않아서 단원별 심화에는 등장하지 않습니다. 다만 기본 개념을 다지고 생각을 확장해 주는 좋은 문제들을 심화종합과 실력 진단 테스트에 넣었습니다.

단계별 힌트를 제공하는 답지

이 책의 가장 중요한 특징은 정답과 풀이입니다. 전체 풀이를 보기 전, 최대 3단계까지 힌트를 먼저 주는 방식으로 구성했습니다. 약간의 힌트만으로 문제를 해결함으로써 가급적 스스로 문제를 푸는 경험을 제공하기 위함입니다.

이런 학생들에게 추천합니다

이 책은 응용교재까지 소화한 학생이 처음 하는 심화를 부담없이 진행하도록 구성했습니다. 즉 기본적으로 응용교재까지 소화한 학생이 대상입니다. 하지만 개념교재까지 소화한 후, 응용을 생략하고 심화에 도전하고 싶은 학생에게도 추천합니다. 일주일에 2시간씩 투자하면 한 학기 내에 한 권을 정복할 수 있기 때문입니다.

심화를 해야 하는데 시간이 부족한 학생에게도 추천합니다. 이런 경우 원래는 방대한 심화교재에서 문제를 골라서 풀어야 했는데, 그 대신 이 책을 쓰면 됩니다.

이 책을 사용해 수학 심화의 문을 열면, 수학적 사고력이 생기고 수학에 대한 자신감이 생깁니다. 심화라는 문을 열지 못해 자신이 가진 잠재력을 펼치지 못하는 학생들이 없기를 바라는 마음에 이 책을 썼습니다. 《열려라 심화》로 공부하는 모든 학생들이 수학을 즐길 수 있게 되기를 바랍니다.

류승재

• 차 례 •

이 책의 구성

들어가기 전 체크

✅ 개념 공부를 한 후 시작하세요

✅ 학교 진도와 맞추어 진행하면 좋아요

· 기본 개념 테스트

단순히 개념 관련 문제를 푸는 수준에서 그치지 않고, 하단에 넓은 공간을 두어 스스로 개념을 쓰고 정리하게 구성되어 있습니다.

TIP 답이 틀려도 교습자는 정답과 풀이의 답을 알려 주지 않습니다. 교과서와 개념교재를 보고 답을 쓰게 하세요.

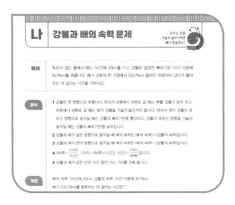

· 단원별 심화

가장 자주 나오는 심화개념으로 구성했습니다. 예제는 분석–개요–풀이 3단으로 구성되어, 심화개념의 핵심이 무엇인지 바로 알 수 있게 했습니다.

TIP 시간은 넉넉히 주고, 답지의 단계별 힌트를 참고하여 조금씩 힌트만 주는 방식으로 도와주세요.

· 심화종합

단원별 심화를 푼 후, 모의고사 형식으로 구성된 심화종합 5세트를 풉니다. 앞서 배운 것들을 이리 저리 섞어 종합한 문제들로, 뇌를 깨우는 '인터리빙' 방식으로 구성되어 있어요.

TIP 만약 아이가 특정 심화개념이 담긴 문제를 어려워한다면, 스스로 해당 개념이 나오는 단원을 찾아낸 후 이를 복습하게 지도하세요.

·실력 진단 테스트

한 학기 동안 열심히 공부했으니, 이제 내 실력이 어느 정도인지 확인할 때! 테스트 결과에 따라 무엇을 어떻게 공부해야 하는지 안내해요.

TIP 처음 하는 심화는 원래 어렵습니다. 결과에 연연하기보다는 책을 모두 푼 아이를 칭찬하고 격려해 주세요.

·단계별 힌트 방식의 답지

처음부터 끝까지 풀이 과정만 적힌 일반적인 답지가 아니라, 문제를 풀 때 필요한 힌트와 개념을 단계별로 제시합니다.

TIP 1단계부터 차례대로 힌트를 주되, 힌트를 원한다고 무조건 주지 않습니다. 단계별로 1번씩은 다시 생각하라고 돌려보냅니다.

이 순서대로 공부하세요

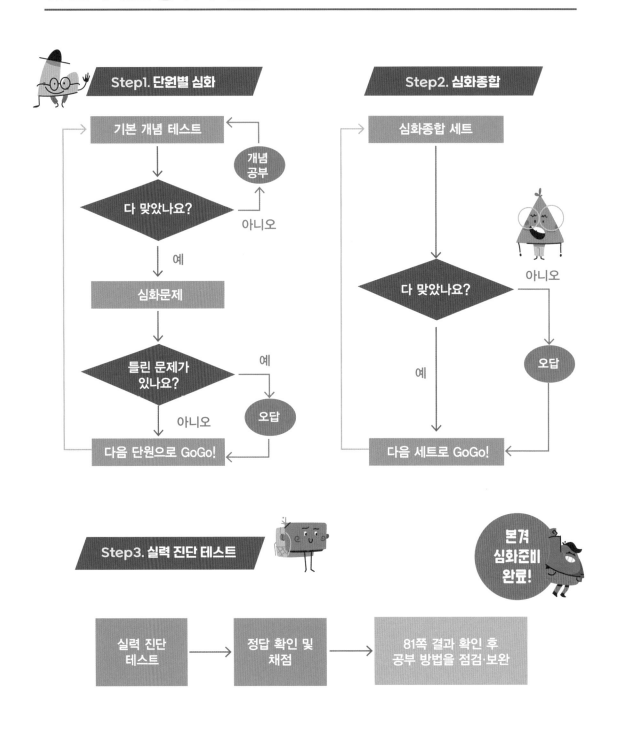

Step1. 단원별 심화

기본 개념 테스트 → 개념 공부

다 맞았나요? — 아니오

예

심화문제

틀린 문제가 있나요? — 예 → 오답

아니오

다음 단원으로 GoGo!

Step2. 심화종합

심화종합 세트

다 맞았나요? — 아니오 → 오답

예

다음 세트로 GoGo!

Step3. 실력 진단 테스트

실력 진단 테스트 → 정답 확인 및 채점 → 81쪽 결과 확인 후 공부 방법을 점검·보완

본격 심화준비 완료!

단원별 심화

기본 개념 테스트

아래의 기본 개념 테스트를 통과하지 못했다면,
교과서 · 개념교재 · 응용교재를 보며 이 단원을 다시 공부하세요!

1 $\frac{4}{7} \div \frac{2}{7}$ 를 4÷2라고 계산해도 되는 이유를 그림을 그려 설명하세요.

2 $2 \div \frac{1}{2} = 4$ 가 성립함을 수직선 형태의 그림을 그려 설명하세요.

③ $6 \div \dfrac{3}{5}$을 어떻게 계산하는지 다음 물음에 답하시오.

1) 분모를 통분한 후 (분자)÷(분자)로 계산하세요.

2) 6에서 $\dfrac{3}{5}$을 빼는 방식으로 계산하세요.

　예) 8−2−2−2−2=0이므로 8÷2=4입니다. 8은 2를 4번 포함합니다.

④ 다음의 두 식을 계산하고 값을 비교하세요.

1) $(\dfrac{3}{4} \div 2) \div \dfrac{1}{5}$

2) $(\dfrac{3}{4} \div \dfrac{1}{5}) \div 2$

가 | 분수의 나눗셈을 하는 다양한 방법

지레 겁먹지 말라고.

예제

다음의 식이 성립하는 이유를 한 가지 이상 설명하세요.

$$\frac{5}{2} \div \frac{3}{7} = \frac{5}{2} \times \frac{7}{3}$$

분석

1 분수의 나눗셈을 곱셈으로 바꿔서 계산해도 되는 이유를 생각해 봅니다.

2 교과서에 나온 방법이 아니어도 되니 스스로 생각해 봅니다.

풀이

1 나누는 수의 분모 분자 바꾼 수를 나누어지는 수와 나누는 수에 각각 곱해 봅니다.

그러면 나누는 수가 1이 됩니다. 그런데 모든 수는 1로 나누면 자기 자신이 나옵니다.

$$\frac{\bigcirc}{\square} \div \frac{\bigstar}{\triangle} = \left(\frac{\bigcirc}{\square} \times \frac{\triangle}{\bigstar}\right) \div \left(\frac{\bigstar}{\triangle} \times \frac{\triangle}{\bigstar}\right) = \left(\frac{\bigcirc}{\square} \times \frac{\triangle}{\bigstar}\right) \div 1 = \frac{\bigcirc}{\square} \times \frac{\triangle}{\bigstar}$$

따라서 $\frac{5}{2} \div \frac{3}{7} = \left(\frac{5}{2} \times \frac{7}{3}\right) \div \left(\frac{3}{7} \times \frac{7}{3}\right) = \left(\frac{5}{2} \times \frac{7}{3}\right) \div 1 = \frac{5}{2} \times \frac{7}{3}$ 입니다.

2 나눗셈을 분수로 표현해 봅니다.

$\bigcirc \div \square = \frac{\bigcirc}{\square}$ 이므로 $\frac{\bigcirc}{\square} \div \frac{\bigstar}{\triangle} = \frac{\frac{\bigcirc}{\square}}{\frac{\bigstar}{\triangle}}$ 입니다.

분수의 분모와 분자에 똑같은 수를 곱해도 그 값은 같습니다. 따라서 분모와 분자에

□와 △의 최소공배수를 곱해 봅니다. 그러면 다음이 성립합니다.

$$\frac{\bigcirc}{\square} \div \frac{\bigstar}{\triangle} = \frac{\frac{\bigcirc}{\square}}{\frac{\bigstar}{\triangle}} = \frac{\frac{\bigcirc}{\square} \times (\square \times \triangle)}{\frac{\bigstar}{\triangle} \times (\square \times \triangle)} = \frac{\bigcirc \times \triangle}{\bigstar \times \square} = \frac{\bigcirc \times \triangle}{\square \times \bigstar} = \frac{\bigcirc}{\square} \times \frac{\triangle}{\bigstar}$$

따라서 $\frac{5}{2} \div \frac{3}{7} = \frac{\frac{5}{2}}{\frac{3}{7}} = \frac{\frac{5}{2} \times 14}{\frac{3}{7} \times 14} = \frac{5 \times 7}{3 \times 2} = \frac{5 \times 7}{2 \times 3} = \frac{5}{2} \times \frac{7}{3}$ 입니다.

1 $\dfrac{4}{7} \div \dfrac{3}{5}$ 을 서로 다른 방법으로 구하는 과정입니다. 빈칸에 알맞은 수를 써넣으시오.

① $\dfrac{4}{7} \div \dfrac{3}{5} = \dfrac{\square}{35} \div \dfrac{21}{35} = \dfrac{\square}{21}$

② $\dfrac{4}{7} \div \dfrac{3}{5} = \left(\dfrac{4}{7} \times \dfrac{\square}{3}\right) \div \left(\dfrac{3}{5} \times \dfrac{\square}{3}\right) = \left(\dfrac{4}{7} \times \dfrac{\square}{3}\right) \div 1 = \dfrac{4}{7} \times \dfrac{\square}{3}$

③ $\dfrac{4}{7} \div \dfrac{3}{5} = \dfrac{\frac{4}{7}}{\frac{3}{5}} = \dfrac{\frac{4}{7} \times \square}{\frac{3}{5} \times \square} = \dfrac{20}{21}$

 2 $\dfrac{5}{8} \div \dfrac{3}{7}$ 을 다음의 방법으로 푸는 과정을 쓰시오.

1) 통분하여 계산하기

2) 나누는 수를 1로 만들어 계산하기

3) 분수로 표현하기

이제 $\dfrac{\bigcirc}{\square} \div \dfrac{\bigstar}{\triangle} = \dfrac{\bigcirc}{\square} \times \dfrac{\triangle}{\bigstar}$ 인 이유를 알겠지?

| 나 | # 단위 분수를 이용해서 풀기 | 분자를 1로 만들면
계산이 쉬워져. |

단위 분수란 $\frac{1}{2}$, $\frac{1}{3}$과 같이 분자가 1인 분수를 말합니다. 단위 분수를 만들고 그것에 해당하는 값을 구하면 전체 값을 구할 수 있습니다.

예제

아빠가 사 온 구슬을 다혜, 하늬, 시헌이가 차례로 전체의 $\frac{1}{5}$, $\frac{1}{3}$, $\frac{7}{15}$씩 나누어 가지면 시헌이는 다혜보다 구슬을 16개 더 많이 가지게 됩니다. 이 구슬을 다시 주머니에 넣고 다혜, 하늬, 시헌이가 차례로 전체의 $\frac{1}{4}$, $\frac{1}{3}$, $\frac{5}{12}$씩 나누어 가지면 하늬는 다혜보다 구슬을 몇 개 더 많이 가지게 됩니까?

분석

1 모두 통분한 후 비교합니다.

2 나눗셈을 이용해 단위 분수에 해당하는 구슬의 개수를 구할 수 있습니다.

3 단위 분수에 해당하는 구슬의 개수를 이용해 전체 구슬의 개수를 구할 수 있습니다.

개요

다혜: $\frac{1}{5}$, 시헌: $\frac{7}{15}$, 시헌이는 다혜보다 16개 더 많다

다혜: $\frac{1}{4}$, 하늬: $\frac{1}{3}$ → 하늬는 다혜보다 몇 개 더 많은지?

풀이

1 시헌이가 전체 구슬의 $\frac{7}{15}$, 다혜가 전체 구슬의 $\frac{1}{5}$을 가졌습니다. $\frac{1}{5}=\frac{3}{15}$이므로 둘의 차이는 $\frac{7}{15}-\frac{3}{15}=\frac{4}{15}$입니다.

$\frac{4}{15}$는 구슬 16개와 같으므로, 전체 구슬의 $\frac{1}{15}$은 $16÷4=4$(개)와 같습니다. 따라서 전체 구슬은 $4×15=60$(개)입니다. 이를 식으로 나타내면 다음과 같습니다.

(전체 구슬의 개수)$=16÷\frac{4}{15}=16÷4×15=60$(개)

2 전체 구슬의 개수를 구했으므로 다혜와 하늬가 가진 구슬의 개수를 구할 수 있습니다.

(다혜가 가진 구슬)$=60×\frac{1}{4}=15$(개), (하늬가 가진 구슬)$=60×\frac{1}{3}=20$(개)입니다.

하늬는 다혜보다 5개의 구슬을 더 가지게 됩니다.

나 1 시후네 학교 6학년 전체 학생의 $\frac{3}{10}$이 150명이라면, 6학년 전체 학생은 몇 명입니까?

나 2 아빠가 사 온 사탕을 다혜, 하늬가 차례로 전체의 $\frac{8}{15}$, $\frac{7}{15}$씩 나누어 가지면 다혜는 하늬보다 사탕을 20개 더 많이 가지게 됩니다. 이 사탕을 다시 주머니에 넣고 다혜, 하늬가 전체의 $\frac{7}{12}$, $\frac{5}{12}$씩 나누어 가지면 다혜는 하늬보다 사탕을 몇 개 더 많이 가지게 됩니까?

복잡하게
생각할
필요가 없어!

예제

지율이가 전체 사탕의 $\frac{2}{9}$를 먹고, 지율이가 먹고 남은 사탕의 $\frac{3}{7}$을 어머니가 먹었습니다. 저녁때 퇴근한 아버지가 지율이와 어머니가 먹고 남은 사탕의 $\frac{9}{20}$를 먹었더니 사탕이 66개 남았습니다. 전체 사탕은 몇 개입니까?

분석

1 가장 마지막에 남은 사탕의 수가 주어졌습니다. 따라서 뒤에서부터 거꾸로 생각해야 합니다.

2 아버지가 $\frac{9}{20}$를 먹었으므로 남은 사탕은 $\frac{11}{20}$이고 이것이 66개입니다. 따라서 단위 비율을 이용해 어머니가 먹고 남은 사탕의 개수를 구할 수 있습니다.

3 어머니가 먹고 남은 사탕의 개수를 구했으면 지율이가 먹고 남은 사탕의 개수를 구할 수 있습니다. 이런 방식으로 전체 사탕까지 거슬러 올라가 봅니다.

개요

| 전체 사탕 | 몇 개? | 지율이가 먹은 양 $\frac{2}{9}$ |

| 지율이가 먹고 남은 사탕 | | 어머니가 먹은 양 $\frac{3}{7}$ |

| 어머니가 먹고 남은 사탕 | | 아버지가 먹은 양 $\frac{9}{20}$ |

| 아버지가 먹고 남은 사탕 | 남은 사탕의 개수 66개 |

풀이

1 아버지는 어머니가 먹고 남은 사탕의 $\frac{9}{20}$를 먹었고 사탕이 66개 남았으므로, 어머니가 먹고 남은 사탕의 $\frac{11}{20}$이 66개입니다. 그러므로 어머니가 먹고 남은 사탕의 $\frac{1}{20}$은 66÷11=6(개)입니다. 따라서 어머니가 먹고 남은 사탕의 개수는 6×20=120(개)입니다. 이를 식으로 나타내면 다음과 같습니다.

(어머니가 먹고 남은 사탕의 개수)=66÷$\frac{11}{20}$=66÷11×20=120(개)

2 어머니는 지율이가 먹고 남은 사탕의 $\frac{3}{7}$을 먹었고 사탕이 120개 남았으므로, 지율이가 먹고 남은 사탕의 $\frac{4}{7}$는 120개입니다. 따라서 남은 사탕의 $\frac{1}{7}$은 120÷4=30(개)입니다. 그러므로 지율이가 먹고 남은 사탕의 개수는 30×7=210(개)입니다.

3 지율이가 전체 사탕의 $\frac{2}{9}$를 먹고 사탕이 210개가 남았으므로, 전체 사탕의 $\frac{7}{9}$은 210개입니다. 따라서 전체 사탕의 $\frac{1}{9}$은 210÷7=30(개)입니다. 전체 사탕의 개수를 계산하면 30×9=270(개)입니다.

다 1 어떤 수에 $\frac{19}{4}$를 곱하고 $\frac{2}{5}$를 더한 후, 그 값을 $\frac{4}{7}$로 나누었더니 14가 되었습니다. 어떤 수를 구하여라.

다 2 정안이는 동화책을 샀습니다. 구입한 첫째 날 동화책의 $\frac{4}{13}$를 읽고, 둘째 날은 남아 있던 동화책의 $\frac{5}{9}$를 읽었습니다. 셋째 날 남아 있던 동화책의 $\frac{5}{12}$를 읽었더니 35쪽이 남았습니다. 동화책은 전체 몇 쪽입니까?

뒤부터 추적해 나가는 재미!

✚ ▬ ✖ ➗
기본 개념 테스트

아래의 기본 개념 테스트를 통과하지 못했다면,
교과서 · 개념교재 · 응용교재를 보며 이 단원을 다시 공부하세요!

1 7.2÷1.2를 어떻게 계산하는지 다음 물음에 답하시오.

1) 막대 그림을 그려 계산하는 방법을 설명하세요.

2) 자연수의 나눗셈을 이용하는 방법을 설명하세요.

3) 분수의 나눗셈을 이용하는 방법을 설명하세요.

4) 세로셈으로 계산하는 방법을 설명하세요.

가 | 여러 단위가 혼합된 가격 구하기

무게와 길이가
섞여서
이지리운걸?

예제

철근 2.5m의 무게가 25.2kg이고, 철근 1m의 가격은 8000원입니다. 철근 236.88kg의 가격은 얼마입니까?

분석

1 기준 단위를 정하여 문제를 해결합니다.

2 구해야 하는 것은 킬로그램당 가격입니다. 따라서 가격이 주어진 미터 단위를 기준으로 계산합니다.

3 1미터의 무게를 구하면 철근 236.88kg이 몇 미터인지 알 수 있습니다.

개요

철근 2.5m의 무게: 25.2kg

철근 1m의 가격: 8000원

철근 236.88kg의 가격은?

풀이

철근 1m의 가격이 주어졌으므로 1m를 기준 단위로 정합니다.

1 철근 1m의 무게는 2.52kg을 2.5m로 나누어 구할 수 있습니다.

(철근 1m의 무게)=25.2÷2.5=10.08(kg)

2 철근 236.88kg의 길이는 236.88kg을 철근 1m 무게로 나누어 구합니다.

(철근 236.88kg의 길이)=236.88÷10.08=23.5(m)

3 철근 1m의 길이는 8000원이므로 철근 23.5m의 가격은 23.5×8000=188000(원)입니다.

철근 2.5m의 무게가 17.4kg이고, 철근 1m의 값은 3000원입니다. 철근 247.08kg의 값은 얼마입니까?

 도로 5.7m²를 칠하는 데 0.6L의 페인트가 필요합니다. 페인트 1L의 가격이 3000원일 때, 도로 95m²를 칠하는 데 드는 비용을 구하시오.

기준이 되는
단위를 정하면
쉬워.

나 | 강물과 배의 속력 문제

흐르는 강을
거슬러 올라가려면
꽤나 힘들겠지?

예제

흐르지 않는 물에서 배는 1시간에 20km를 가고, 강물은 일정한 빠르기로 1시간 15분에 18.75km를 흐릅니다. 배가 상류의 한 지점에서 533.75km 떨어진 하류까지 갔다가 돌아오는 데 걸리는 시간을 구하시오.

분석

1 강물은 한 방향으로 흐릅니다. 따라서 상류에서 하류로 갈 때는 배를 강물이 밀어 주고, 하류에서 상류로 갈 때는 배가 강물을 거슬러 올라가야 합니다. 따라서 배가 강물이 흐르는 방향으로 움직일 때는 강물의 빠르기만큼 빨라지고, 강물이 흐르는 방향을 거슬러 움직일 때는 강물의 빠르기만큼 늦어집니다.

2 강물과 배가 같은 방향으로 움직일 때 배의 속력은 (배의 속력)+(강물의 속력)입니다.

3 강물과 배가 반대 방향으로 움직일 때 배의 속력은 (배의 속력)−(강물의 속력)입니다.

4 (속력)=$\frac{(거리)}{(시간)}$, (거리)=(속력)×(시간), (시간)=$\frac{(거리)}{(속력)}$입니다.

5 강물과 배가 같은 단위 시간 동안 가는 거리를 구해 봅니다.

개요

배의 속력: 1시간에 20km, 강물의 속력: 1시간 15분에 18.75km

배가 533.75km를 왕복하는 데 걸리는 시간은?

풀이

1 강물이 1시간 동안 흐르는 거리(속력)를 구해 봅니다. 나눗셈을 위해 분을 시로 고칩니다. 1시간 15분은 1.25시간입니다. 18.75km를 1.25시간 동안 흐르므로 1시간 동안 흐르는 거리는 18.75km를 1.25시간으로 나누어 구할 수 있습니다. 강물이 1시간 동안 흐르는 거리는 18.75÷1.25=15(km)입니다.

2 배가 강물이 흐르는 방향으로 움직일 때(상류→하류) 1시간 동안 배가 움직이는 거리(속력)는 20+15=35(km)고, 배가 강물이 흐르는 반대 방향으로 움직일 때(하류→상류) 1시간 동안 배가 움직이는 거리(속력)는 20−15=5(km)입니다.

3 따라서 배는 상류에서 하류로 533.75km를 가는 데 1시간에 35km씩 가고, 하류에서 상류로 533.75km를 가는 데 1시간에 5km씩 갑니다. 따라서 왕복하는 데 걸리는 시간은 (533.75÷35)+(533.75÷5)=122(시간)입니다.

나 1 3시간 15분 동안 48.75km를 흐르는 강물이 있습니다. 흐르지 않는 물에서 1시간에 37.5km를 가는 배가 강물이 흐르는 반대 방향으로 76.5km를 가려면 몇 시간 몇 분이 걸리겠습니까?

나 2 흐르지 않는 물에서 배는 1시간에 20km를 가고, 강물은 일정한 빠르기로 1시간에 12km를 흐릅니다. 배가 하류의 한 지점에서 396.8km 떨어진 상류까지 갔다가 돌아오는 데 걸리는 시간을 구하시오.

공부도
물 들어올 때
노 젓기!

다 | 할인율: 원가, 정가, 할인가

몇 퍼센트 인상
혹은 할인인지
계산해 보자!

예제

어떤 제품을 8000원의 이익이 남도록 정가를 정했습니다. 정가의 0.15만큼 할인하여 12개를 팔았더니 60000원의 이익이 생겼습니다. 이 제품의 원가는 얼마입니까?

분석

1 12개를 팔아 60000원의 이익이 생겼다면, 1개당 얼마의 이익이 생겼는지 따져 봅니다.

2 원래 정가는 1개당 8000원의 이익이 납니다. 할인하여 본 이익과 비교해 봅니다.

3 정가에서 볼 수 있는 이익과 할인가로 판매한 이익의 차는 0.15만큼 할인했기 때문에 생깁니다. 정가의 15%만큼 할인했을 때 할인받는 가격은 (정가)×0.15(원)입니다. 이를 통해 정가를 알아낼 수 있고, 정가를 알면 원가를 알아낼 수 있습니다.

개요

정가: 원가에서 8000원 이익, 할인가: 정가의 0.15만큼 할인

이익: 할인가로 12개 팔아 60000원 이익

제품의 원가는?

풀이

1 개당 얼마의 이익이 났는지부터 따져 봅니다. 12개에 60000원 이익이 났으므로 1개에는 60000÷12=5000(원)의 이익을 냈습니다.

2 정가로 낼 수 있는 이익은 1개에 8000원입니다. 그런데 할인가로 1개에 5000원의 이익을 냈습니다. 따라서 (정가)−(할인가)=3000(원)입니다.

3 정가의 0.15만큼을 할인한 값이 3000원입니다. (정가)×0.15=3000(원)입니다. 따라서 (정가)=3000÷0.15=20000(원)입니다.

4 정가는 원가보다 8000원 비쌉니다. 따라서 원가는 정가에서 8000원을 뺀 12000원입니다.

다 1 어떤 제품을 1000원의 이익이 남도록 정가를 정하고, 정가의 0.2만큼 할인하여 팔았더니 600원의 이익이 생겼습니다. 이 제품의 원가는 얼마입니까?

다 2 원가가 1000원인 물건에 20%만큼의 이익을 붙여서 정가를 정했습니다. 그런데 물건이 잘 팔리자, 가격을 인상하여 원가보다 800원만큼의 이익을 더 보려 합니다. 정가의 몇 %를 인상해야 합니까?

이런 건 어른이 되면
머릿속에서 계산해
버릴 수 있어.

③ 공간과 입체

기본 개념 테스트

아래의 기본 개념 테스트를 통과하지 못했다면,
교과서 · 개념교재 · 응용교재를 보며 이 단원을 다시 공부하세요!

① 다음의 쌓기나무를 보고 다음 물음에 답하시오.

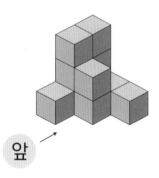

앞

1) 위, 앞, 옆에서 본 모양을 각각 그리세요.

〈위〉　　　　　　〈앞〉　　　　　　〈옆〉

정답과 풀이 02쪽

2) 각 층별로 위에서 본 쌓기나무 모양을 그리세요.

〈1층〉   〈2층〉   〈3층〉

3) 쌓기나무는 총 몇개입니까?

가 색칠된 면의 개수에 따른 정육면체 분류

앗, 5학년 2학기 때 본 것 같기도?

예제

쌓기나무로 정육면체를 만든 후 모든 바깥쪽 면에 색칠했습니다. 두 면만 칠해진 쌓기나무가 24개라면 한 면만 칠해진 쌓기나무는 몇 개입니까?

분석

1 쌓기나무로 정육면체를 만들고 겉면을 칠했을 때 쌓기나무의 위치에 따라 색칠되는 면의 개수가 다릅니다.

세 면이 칠해지는 쌓기나무는 꼭짓점에 있습니다. (초록색으로 표시)

두 면만 칠해지는 쌓기나무는 꼭짓점이 아닌 모서리에 있습니다. (노란색으로 표시)

그 외의 위치에 있는 쌓기나무는 한 면만 칠해집니다. (빨간색으로 표시)

2 두 면이 칠해진 쌓기나무의 수를 이용해 모서리의 길이, 즉 한 모서리에 있는 쌓기나무의 수를 헤아려 봅니다.

풀이

1 두 면만 칠해진 쌓기나무는 모서리마다 존재합니다.

정육면체 모서리가 12개이므로 각 모서리에는 24÷12=2(개)만큼 있습니다.

2 두 면만 칠해진 쌓기나무가 각 모서리에 2개씩 존재하면 한 모서리에 위치하는 쌓기나무의 개수는 4개입니다. (꼭짓점 2개+모서리 2개)

따라서 전체 쌓기나무의 개수는 4×4×4=64(개)입니다.

3 모서리에는 쌓기나무가 4개 있고, 정육면체의 한 면에는 쌓기나무가 16개 있습니다. 꼭짓점 4개, 모서리 8개를 제외하면 한 면만 칠해진 쌓기나무는 한 면당 4개씩 있습니다.

정육면체의 면은 6개이므로, 한 면만 칠해진 쌓기나무는 4×6=24(개)입니다.

가 1 다음과 같이 쌓기나무로 정육면체를 만들고 모든 바깥쪽 면에 페인트를 칠했습니다. 다음 물음에 답하시오.

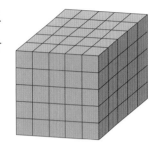

1) 세 면이 색칠된 쌓기나무의 개수를 구하시오.

2) 두 면이 색칠된 쌓기나무의 개수를 구하시오.

3) 한 면이 색칠된 쌓기나무의 개수를 구하시오.

4) 어느 한 면도 색칠되지 않은 쌓기나무의 개수를 구하시오.

가 2 쌓기나무로 정육면체를 만들고 바깥쪽 모든 면에 색칠했습니다. 한 면만 칠해진 쌓기나무가 96개라면 두 면만 칠해진 쌓기나무는 몇 개입니까?

꼭짓점, 모서리, 면을 다 따로 따져야 해!

④ 비례식과 비례배분

기본 개념 테스트

아래의 기본 개념 테스트를 통과하지 못했다면,
교과서 · 개념교재 · 응용교재를 보며 이 단원을 다시 공부하세요!

1 비의 성질 2가지를 설명하세요.

2 비례식의 뜻을 설명하세요.

3 비례식에서 외항과 내항의 성질을 설명하세요.

4 비례배분의 뜻을 설명하세요.

5 귤 30개를 2:3으로 나누어 갖는 방법을 비례배분을 이용하여 설명하세요.

가 | 톱니바퀴와 비례식의 원리

드디어 이 원리를
비례식으로 배우는군!

- 톱니수와 회전수는 비례 관계입니다. 톱니수가 많을수록 회전수는 줄어듭니다.
- 맞물려 돌아가는 ㉮톱니바퀴와 ㉯톱니바퀴의 톱니수와 회전수의 관계

  ㉮톱니수×㉮회전수＝㉯톱니수×㉯회전수이므로 다음의 비례식이 성립합니다.

  $$㉮회전수:㉯회전수=\frac{1}{㉮톱니수}:\frac{1}{㉯톱니수}$$

  $$㉮톱니수:㉯톱니수=\frac{1}{㉮회전수}:\frac{1}{㉯회전수}$$

  예) 톱니수가 3개인 ㉮톱니바퀴와 톱니수가 2개인 ㉯톱니바퀴가 맞물려 움직일 때

  ㉮톱니바퀴: 톱니 3개 중 1개가 맞물려 움직이므로 톱니 1개마다 $\frac{1}{3}$(120°)만큼 회전

  ㉯톱니바퀴: 톱니 2개 중 1개가 맞물려 움직이므로 톱니 1개마다 $\frac{1}{2}$(180°)만큼 회전

  → ㉮톱니바퀴가 2바퀴 돌 동안 ㉯톱니바퀴는 3바퀴 돌게 됩니다.

  한편 ㉮톱니바퀴의 톱니수는 3개, ㉯톱니바퀴의 톱니수는 2개입니다.

  따라서 $㉮회전수:㉯회전수=\frac{1}{㉮톱니수}:\frac{1}{㉯톱니수}$ → $2:3=\frac{1}{3}:\frac{1}{2}$

예제　맞물려 돌아가는 두 톱니바퀴 ㉮와 ㉯가 있습니다. ㉮는 3분 동안 18바퀴를 돌고 ㉯는 4분 동안 32바퀴를 돕니다. ㉮의 톱니가 48개일 때, ㉯의 톱니는 몇 개입니까?

분석

1 ㉮의 톱니수가 주어져 있습니다. 이를 이용해 ㉯의 톱니수를 구합니다.

2 두 톱니바퀴가 동일한 시간 동안 각각 몇 바퀴를 도는지 생각합니다.

3 $㉮톱니수:㉯톱니수=\frac{1}{㉮회전수}:\frac{1}{㉯회전수}$입니다.

풀이

㉯의 톱니수를 ☐라고 놓고 식을 세워 봅니다.

㉮톱니바퀴는 3분 동안 18바퀴를 돕니다. 따라서 1분 동안 6바퀴를 돕니다.

㉯톱니바퀴는 4분 동안 32바퀴를 돕니다. 따라서 1분 동안 8바퀴를 돕니다.

$㉮톱니수:㉯톱니수=\frac{1}{㉮회전수}:\frac{1}{㉯회전수}$이므로

$$48:\square = \frac{1}{6}:\frac{1}{8}$$

$$\rightarrow 48:\square = \frac{1}{6}\times 24:\frac{1}{8}\times 24$$

$$\rightarrow 48:\square = 4:3$$

$$\square = 36 입니다.$$

가 1 맞물려 돌아가는 두 톱니바퀴 ㉮와 ㉯가 있습니다. ㉮톱니바퀴가 5회전할 때 ㉯톱니바퀴는 4회전합니다. ㉮톱니바퀴의 톱니가 8개일 때, ㉯톱니바퀴의 톱니는 몇 개입니까?

가 2 맞물려 돌아가는 두 톱니바퀴 ㉮와 ㉯가 있습니다. ㉮톱니바퀴의 톱니수는 11개이고 1분에 27회전합니다. ㉯톱니바퀴의 톱니수가 9개라면 1분에 몇 번 회전하는지 구하시오.

톱니수와 회전수로 다양한 식을 세워 봐.

나 | 서로 다른 집단의 비 통합하기

학생 수가
안 주어져 있는데
이걸 어떻게 알아?

예제

1반과 2반은 인원수가 같습니다. 1반의 남녀 학생 수의 비는 12:13이고 2반의 남녀 학생 수의 비는 1:9입니다. 1반과 2반을 합친 전체 학생의 남녀 학생 수의 비를 구하시오.

분석

1 학생 수는 모르고 비만 주어져 있습니다.

2 남녀 학생 수의 비를 더한 값의 배수는 전체 학생 수입니다. 예를 들어 남학생 4명과 여학생 6명의 비는 4:6=2:3이고, 남학생과 여학생을 합친 10명은 2+3=5의 배수입니다.

3 1반과 2반의 남녀 학생 수의 비의 전항과 후항을 각각 합하고 둘을 최소공배수로 통일해 봅니다. 1반과 2반의 학생 수는 같으므로 1반과 2반을 합친 비율을 구하고 싶다면 두 비율을 그대로 더하면 됩니다.

풀이

1반 남녀 학생 수의 비는 12:13이고 전항과 후항을 더하면 12+13=25입니다.

2반 남녀 학생 수의 비는 1:9고 전항과 후항을 더하면 10입니다.

25와 10의 최소공배수가 50이므로 1반의 비에는 2를, 2반의 비에는 5를 곱합니다.

(1반 남녀 학생 수의 비)=(12×2):(13×2)=24:26

(2반 남녀 학생 수의 비)=(1×5):(9×5)=5:45

1반과 2반의 인원수가 같으므로, 전체 남녀 학생 수의 비는 1반과 2반의 남녀 학생 수의 비를 더해서 구할 수 있습니다.

(전체 남녀 학생 수의 비)=(24+5):(26+45)=29:71

다른 풀이

1반과 2반의 인원수가 같으므로 한 반의 인원수를 □라고 놓고 비례배분을 이용한 식을 세웁니다.

$$(1반의 남학생 수)=□×\frac{12}{12+13}=□×\frac{12}{25}$$

$$(1반의 여학생 수)=□×\frac{13}{12+13}=□×\frac{13}{25}$$

(2반의 남학생 수)$=\square\times\dfrac{1}{1+9}=\square\times\dfrac{1}{10}$

(2반의 여학생 수)$=\square\times\dfrac{9}{1+9}=\square\times\dfrac{9}{10}$

(전체 남학생 수)$=\square\times\dfrac{12}{25}+\square\times\dfrac{1}{10}=\square\times\left(\dfrac{12}{25}+\dfrac{1}{10}\right)=\square\times\dfrac{29}{50}$

(전체 여학생 수)$=\square\times\dfrac{13}{25}+\square\times\dfrac{9}{10}=\square\times\left(\dfrac{13}{25}+\dfrac{9}{10}\right)=\square\times\dfrac{71}{50}$

전체 남녀 학생 수의 비는 $\square\times\dfrac{29}{50}:\square\times\dfrac{71}{50}$이므로 29:71입니다.

나 1 1반과 2반은 인원수가 같습니다. 1반의 남녀 학생 수의 비는 11:14이고, 2반의 남녀 학생 수의 비는 7:3입니다. 이때, 1반과 2반을 합친 전체 학생의 남녀 학생 수의 비를 구하시오.

나 2 친구와 나는 같은 개수의 구슬을 가지고 있습니다. 구슬은 빨간색과 파란색 두 종류입니다. 친구의 빨간 구슬과 파란 구슬의 개수 비는 5:4이고, 나의 빨간 구슬과 파란 구슬의 개수 비는 3:5입니다. 이때, 친구와 내가 가지고 있는 전체 구슬의 빨간 구슬과 파란 구슬의 개수 비를 구하시오.

비례배분을 이용한 개념이야.

다 ㅁ를 이용하여 비를 표현하기

수를 보고
전략을
세워 봐.

예제

귤과 감을 합하여 10개를 사고 그 값으로 9300원을 냈습니다. 구입한 귤과 감의 개수의 비가 3:2이고, 1개 가격의 비는 5:8입니다. 귤과 감의 1개 가격은 각각 얼마입니까?

분석

1 구해야 하는 것은 귤과 감의 1개 가격이고, 1개 가격을 알려면 귤과 감의 개수부터 알아야 합니다. 귤과 감의 개수의 비를 이용해 귤과 감의 개수를 구할 수 있습니다.

2 ㉮:㉯=△:○이면 ㉮=△×□, ㉯=○×□임을 이용합니다.

개요

귤+감=10(개), 비용: 9300원, 개수의 비는 3:2, 가격의 비는 5:8
귤과 감의 개당 가격은?

풀이

1 귤과 감의 개수의 비가 3:2이므로 전체 개수 10개를 비례배분합니다.

$$(귤의 개수)=10×\frac{3}{3+2}=10×\frac{3}{5}=6(개)$$

$$(감의 개수)=10×\frac{2}{3+2}=10×\frac{2}{5}=4(개)$$

2 귤과 감의 가격의 비를 이용해 식을 세워 봅니다.

귤과 감의 가격의 비가 5:8이므로 (귤의 가격)=5×□, (감의 가격)=8×□로 놓을 수 있습니다.

3 전체 과일 구입 가격이 9300원이므로 다음의 식이 성립합니다.

(5×□)×6+(8×□)×4=9300

→ 30×□+32×□=9300

→ 62×□=9300

→ □=150

4 □=150을 2번에서 세운 식에 넣어 귤과 감의 가격을 구합니다.

(귤의 가격)=5×□=5×150=750(원)

(감의 가격)=8×□=8×150=1200(원)

다 1 8400원을 내고 빵 3개와 우유 2개를 샀습니다. 빵과 우유의 개당 가격의 비가 5:3일 때, 빵과 우유의 가격은 각각 얼마입니까?

다 2 10800원을 내고 귤과 감을 샀습니다. 구입한 귤과 감의 개수의 비가 9:8이고, 개당 가격의 비는 4:9입니다. 귤을 사는 데 사용한 금액과 감을 사는 데 사용한 금액을 각각 구하시오.

□를 가지고
능수능란하게
식 세우기!

라 | 비례배분을 활용한 문제

주어진 비율을 기준으로 새로운 값을 만드는 거야.

예제

정아와 성재 두 사람이 각각 100만 원과 200만 원을 투자하여 30만 원의 이익을 얻었습니다. 이익금을 투자한 금액의 비로 나누어 가지기로 했다면 갑과 을이 갖는 이익금은 각각 얼마입니까?

분석

1 정아와 성재가 투자한 금액의 비부터 구해 봅니다.

2 이익금을 투자한 금액의 비로 비례배분합니다.

3 □를 △:○로 비례배분하는 다음의 공식을 이용합니다.

$$\square \times \frac{\triangle}{\triangle+\bigcirc}, \ \square \times \frac{\bigcirc}{\triangle+\bigcirc}$$

풀이

정아와 성재가 투자한 금액의 비는 100(만 원):200(만 원)=1:2입니다.
따라서 정아와 성재가 나누어 갖는 이익금을 1:2로 비례배분합니다.

$$(정아가 갖는 이익금)=300000 \times \frac{1}{1+2}=300000 \times \frac{1}{3}=100000(원)$$

$$(성재가 갖는 이익금)=300000 \times \frac{2}{1+2}=300000 \times \frac{2}{3}=200000(원)$$

라 1 동주가 100만 원, 진영이가 300만 원을 투자하여 얻은 이익금을 투자한 금액의 비로 나누어 가졌습니다. 진영이가 받은 이익금이 60만 원이라면 전체 이익금은 얼마입니까?

라 2 민서의 몸무게는 40kg, 동생의 몸무게는 30kg입니다. 엄마가 사 온 붕어빵을 몸무게의 비로 나누었더니 민서가 12개를 가졌습니다. 전체 붕어빵의 개수는 몇 개입니까?

몇 대 몇으로
나누어야 하는지부터
알아야 해.

⑤ 원의 넓이

▦ ▬ ▦ ✚
기본 개념 테스트

아래의 기본 개념 테스트를 통과하지 못했다면,
교과서 · 개념교재 · 응용교재를 보며 이 단원을 다시 공부하세요!

① 원에 대한 다음 물음에 답하시오.

1) 원주와 원주율의 뜻을 쓰세요.

2) 원주, 지름, 원주율의 관계를 그림을 그려 설명하세요.

2 원을 잘게 잘라 이어 붙여 직사각형을 만드는 방식으로 원의 넓이를 구할 수 있습니다. 그림을 그려 설명하세요.

가 | 원을 쪼갰을 때 둘레와 넓이

원을 부채 모양으로 만들어 볼까?

• 반원(원의 절반)의 둘레의 길이와 넓이

(반원의 둘레)=(원의 둘레)÷2+(지름)
(반원의 넓이)=(원의 넓이)÷2

• 사분원(원의 $\frac{1}{4}$)의 둘레의 길이와 넓이

(사분원의 둘레)=(원의 둘레)÷4+(반지름)×2
(사분원의 넓이)=(원의 넓이)÷4

예제

원 안에 원 안에 원 안에 원!

사분원 안에 지름 20cm짜리 반원을 2개 그렸습니다. 색칠한 부분의 둘레와 넓이를 구하시오. (원주율: 3)

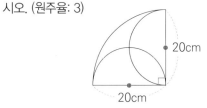

20cm

20cm

분석

1 복잡한 도형을 반원과 사분원으로 나눠서 생각합니다.

2 일부 도형을 잘라 다른 곳으로 옮겨 보기도 합니다.

3 (원의 둘레)=(지름)×(원주율)입니다.

풀이

1 둘레의 길이를 구해 봅니다.

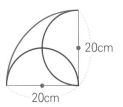

20cm

20cm

색칠한 부분의 둘레는 빨간색으로 표시한 길이와 파란색으로 표시한 길이의 합으로 볼 수 있습니다.

빨간색으로 표시한 길이는 지름이 20cm인 원의 둘레이므로 20×3=60(cm)입니다.

파란색으로 표시한 길이는 지름이 40cm인 원의 둘레의 $\frac{1}{4}$이므로 40×3÷4=30(cm)입니다.

따라서 전체 도형의 둘레는 60+30=90(cm)입니다.

2 넓이를 구해 봅니다.

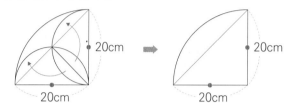

도형을 잘라 화살표 방향으로 옮겨 붙이면 오른쪽과 같은 모양이 됩니다.

따라서 도형의 넓이는 반지름이 20cm인 사분원의 넓이에서 밑변과 높이가 20cm인 삼각형의 넓이를 뺀 값입니다.

(도형의 넓이)$=20\times20\times3\div4-20\times20\div2=300-200=100$(cm²)

가 1 정사각형 안에 지름 10cm짜리 반원을 2개 그렸습니다. 색칠한 부분의 둘레와 넓이를 구하시오. (원주율: 3)

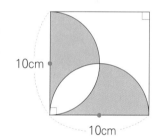

가 2 지름이 4cm인 원의 내부에 다음 그림과 같이 지름이 2cm인 반원을 그렸습니다. 이때 색칠한 부분의 둘레와 넓이를 구하시오. (원주율: 3)

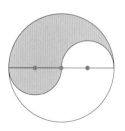

앗, 이것은
태극문양이잖아?

나 | 겹치는 부분의 넓이

도형을
왜 이렇게
그려 놨어!

예제

그림과 같이 반원과 직각삼각형이 겹쳐 있습니다. ㉠과 ㉡의 넓이가 같을 때, 삼각형 ㄱ ㄴㄷ의 넓이를 구하시오. (원주율: 3)

겹치는 부분이
어디인지
잘 찾아봐!

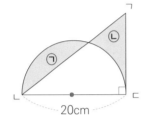

20cm

분석

1 ㉠과 ㉡의 넓이가 같지만 얼마인지는 주어져 있지 않습니다.

2 반원의 지름이 주어져 있으므로 반원의 넓이를 알 수 있습니다.

3 ㉠=㉡이므로 등식의 성질에 의해 (㉠+□)=(㉡+□)입니다.

4 색칠되지 않은 부분을 살펴봅니다. 반원과 삼각형 모두에 걸쳐 있습니다.

풀이

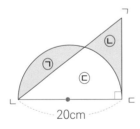

20cm

색칠되지 않은 부분의 넓이를 ㉢로 놓고 생각해 봅니다. ㉠=㉡이므로 ㉠+㉢=㉡+㉢입니다. ㉠+㉢은 지름이 20cm인 반원의 넓이, ㉡+㉢은 삼각형 ㄱㄴㄷ의 넓이입니다.

한편 지름이 20cm인 반원의 넓이는 10×10×3÷2=150(cm²)입니다.

삼각형 ㄱㄴㄷ과 반원의 넓이가 같으므로 삼각형 ㄱㄴㄷ의 넓이는 150(cm²)입니다.

나 1 그림과 같이 사분원과 사다리꼴이 겹쳐 있습니다. ㉮와 ㉯의 넓이가 같을 때, 선분 ㄴㄷ의 길이를 구하시오. (원주율: 3)

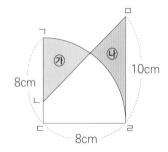

나 2 오각형과 별이 그림과 같이 겹쳐 있습니다. 별의 넓이가 오각형의 넓이보다 50cm²만큼 클 때, ㉮와 ㉯의 넓이의 차를 구하시오.

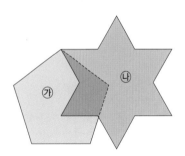

겹치는 부분 빼고 나머지만 비교한다면?

다 원을 둘러싸는 끈의 길이

원을 둘러싸는
끈은 팽팽해!

예제

그림과 같이 반지름이 같은 2개의 원을 둘러싸는 끈의 길이를 구하시오. (단, 원주율은 3 으로 계산하며 매듭의 길이는 생각하지 않습니다.)

직선과 곡선을
따로 생각해 봐.

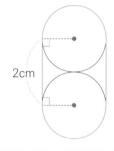

2cm

분석

1 2개의 원을 둘러싸는 끈을 곡선 부분과 직선 부분으로 나누어 봅니다.

2 직선 길이는 주어져 있으므로 곡선의 길이를 구해 봅니다.

3 곡선 길이의 합은 원주를 구하는 공식을 이용하여 구할 수 있습니다.

풀이

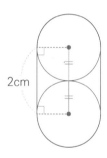

2cm

그림과 같이 2개의 원을 둘러싸는 끈의 둘레는 빨간색으로 표시한 길이와 파란색으로 표시한 길이의 합으로 볼 수 있습니다.

원의 반지름은 2cm의 절반인 1cm입니다. 따라서 빨간색으로 표시한 길이는 지름이 2cm인 원의 둘레입니다.

(빨간색으로 표시한 길이)=2×3=6(cm)

한편 파란색으로 표시한 길이는 2+2=4(cm)입니다.

따라서 끈의 길이는 6+4=10(cm)입니다.

다 1 다음과 같이 반지름이 2cm인 4개의 원을 둘러싸는 끈의 길이를 구하시오. (단, 원주율은 3으로 계산하며 매듭의 길이는 생각하지 않습니다.)

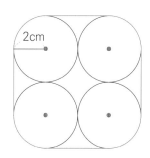

다 2 다음과 같이 지름이 10cm인 3개의 원을 둘러싸는 끈의 길이를 구하시오. (단, 원주율은 3으로 계산하며 매듭의 길이는 생각하지 않습니다.)

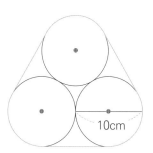

원의 중심을 이으면
문제 푸는 데
도움이 될 거야!

라 | 원이 지나간 자리

원이 지나가면서
무엇을 만드는지
잘 봬!

예제

다음 그림과 같이 반지름이 2cm인 원이 한 변의 길이가 9cm인 정삼각형의 둘레를 한 바퀴 돌았습니다. 원이 지나가면서 생긴 도형의 넓이를 구하시오. (원주율: 3)

동전을 직접
삼각형을 따라
밀어 봐도 좋아.

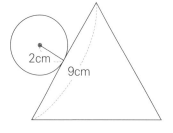

분석

1 실제 원을 삼각형 둘레로 한 바퀴 돌려가며 그려 봅니다.

2 그린 그림을 직사각형과 원 부분으로 나누어 봅니다.

풀이

원이 지나가면서 생긴 도형의 모양을 그리면 다음과 같습니다.

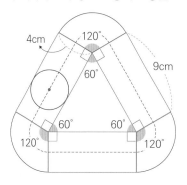

넓이를 구하기 위해 도형을 직사각형과 원 부분으로 나누어 봅니다. 직사각형은 가로 9cm, 세로 4cm고 총 3개 나옵니다. 한편 원은 반지름이 4cm인 원 1개가 나옵니다.

따라서 도형의 넓이는 (직사각형 3개의 넓이)+(원의 넓이)

$=(4\times9\times3)+(4\times4\times3)=156(cm^2)$입니다.

라 1 반지름이 5cm인 원이 직선을 따라 다음과 같이 2바퀴 굴러 이동하였습니다. 원이 지나간 자리의 넓이는 몇 cm²인지 구하시오. (원주율: 3)

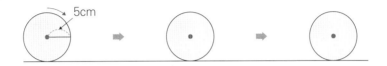

라 2 지름이 6cm인 원이 다음과 같이 한 변의 길이가 13cm인 정사각형 둘레를 따라 한 바퀴 이동하여 처음 자리로 돌아왔습니다. 원이 지나간 자리의 넓이를 구하시오. (원주율: 3)

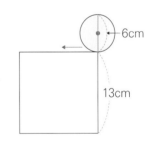

예전에 배운 도형의 밀기랑 느낌이 비슷하지?

열려라
심화

심화종합

심화종합 ① 세트

문제가 골고루
섞여 있어!

1 어느 용수철저울에 무게가 $2\frac{6}{7}$g인 물건을 매달면 용수철의 길이가 처음보다 $\frac{4}{5}$cm 늘어납니다. 이 용수철저울에 어떤 물건을 매달았더니 용수철의 길이가 처음보다 $3\frac{2}{11}$cm 늘어났습니다. 용수철이 늘어나는 길이와 매달린 물건의 무게의 비가 일정할 때, 어떤 물건의 무게는 몇 g입니까?

2 30분 동안 148.5km를 달리는 KTX가 있습니다. KTX가 오전 7시 30분에 서울역을 출발하여 같은 빠르기로 445.5km를 달려 부산역에 도착했습니다. KTX가 부산역에 도착한 시각을 구하시오. (단, 중간에 정차한 역은 없습니다.)

3 다음 그림은 한 모서리의 길이가 1cm인 쌓기나무 27개를 붙여 만든 정육면체에서 꼭짓점에 위치한 쌓기나무를 떼어내 만든 입체도형입니다. 이 입체도형의 겉넓이는 몇 cm²입니까?

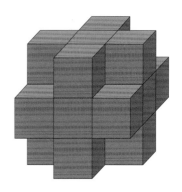

4 가로변과 세로변의 합이 15cm인 작은 직사각형 5개를 다음과 같이 겹치지 않게 이어 붙여 큰 직사각형 1개를 만들었습니다. 큰 직사각형의 가로변 하나와 세로변 하나의 길이의 합은 얼마입니까?

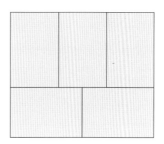

심화종합 **1** 세트

5 다음 도형에서 색칠한 부분의 둘레는 몇 cm입니까?
(원주율: 3)

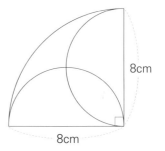

8cm

8cm

6 다음과 같이 원기둥 중간에 구멍이 뚫린 입체도형의 겉넓이는 몇입니까? (원주율 : 3)

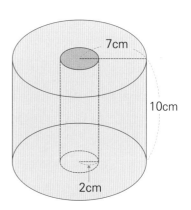

7cm

10cm

2cm

7 진규의 물통에는 전체의 $\frac{5}{6}$만큼, 영수의 물통에는 전체의 $\frac{5}{12}$만큼 물이 들어 있습니다. 두 물통에 담긴 물의 양의 합은 50L입니다. 그런데 두 물통에서 같은 양의 물을 덜어 내면 진규의 물통에는 전체의 $\frac{11}{24}$만큼, 영수의 물통에는 전체의 $\frac{7}{24}$만큼 물이 남습니다. 영수의 물통 들이는 몇 L입니까?

8 84m 앞에 있는 영수를 따라가는 승환이가 있습니다. 1초에 승환이는 8.7m를 가고 영수는 7.5m를 간다고 합니다. 승환이가 영수를 따라잡기 위해서는 최소 몇 초가 필요합니까?

정말 수고했어!

심화종합 2 세트

이렇게 보니깐
색다른걸?

1 다음 그림과 같은 규칙으로 쌓기나무를 쌓았습니다. 쌓은 모양에서 위와 아래, 앞과 뒤, 왼쪽 옆과 오른쪽 옆 어느 방향에서도 보이지 않은 쌓기나무는 모두 몇 개입니까?

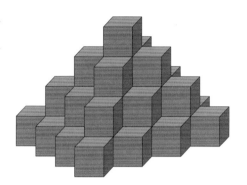

2 오렌지와 레몬을 합해 25개를 사고 그 값으로 31500원을 냈습니다. 구입한 오렌지와 레몬의 개수의 비는 2:3이고 오렌지 1개와 레몬 1개의 가격의 비는 3:5입니다. 오렌지 1개의 가격은 얼마인지 풀이 과정을 쓰고 답을 구하시오.

3 직각삼각형 ㄱㄴㄷ의 각 변을 지름으로 하는 반원을 그렸습니다. 색칠한 부분의 넓이는 몇 cm²입니까? (원주율: 3)

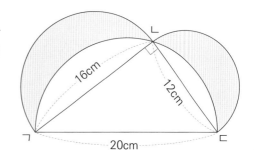

4 밑면의 반지름이 4cm이고 높이가 6cm인 원기둥을 오른쪽과 같이 $\frac{1}{4}$만큼 잘라 냈습니다. 다음 입체도형의 겉넓이는 얼마입니까? (원주율: 3)

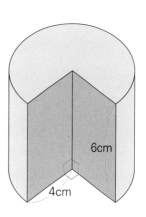

5 어떤 일을 미란이가 12일 동안 혼자서 하면 전체의 $\frac{6}{11}$을 할 수 있고, 수진이가 10일 동안 혼자서 하면 전체의 $\frac{5}{6}$를 할 수 있습니다. 미란이가 혼자서 11일 동안 일한 후, 수진이가 혼자서 나머지 일을 끝내려고 합니다. 수진이는 며칠 동안 일해야 합니까? (단, 두 사람이 각각 하루 동안 하는 일의 양은 일정합니다.)

6 두 개의 공 ㉠과 ㉡을 아래로 떨어뜨리면 ㉠은 떨어진 높이의 50%만큼 튀어 오르고, ㉡은 40%만큼 튀어 오릅니다. 공 ㉠과 ㉡을 같은 높이에서 떨어뜨렸을 때, 두 번째에 튀어 오른 높이의 차가 18cm였다면 처음 공을 떨어뜨린 높이는 몇 cm입니까? (단, 공은 바닥에서 수직으로 튀어 오릅니다.)

7 가, 나 상자에 파란 공과 빨간 공이 들어 있습니다. 가 상자에 들어 있는 파란 공의 수에 대한 빨간 공의 수의 비는 3:5이고, 나 상자에 들어 있는 파란 공의 수에 대한 빨간 공의 수의 비는 1:4입니다. 가와 나 상자에 들어 있는 공의 수의 비는 4:5이고, 가와 나 상자에 들어 있는 빨간 공이 모두 150개일 때, 가와 나 상자에 들어 있는 공은 모두 몇 개입니까?

8 성수는 편의점 안에 진돗개를 데리고 들어가지 못해서 편의점의 한 꼭짓점에 6m 길이의 끈을 이용하여 그림과 같이 묶어 놓았습니다. 편의점은 직사각형 모양이고 가로는 4m, 세로는 2m입니다. 편의점

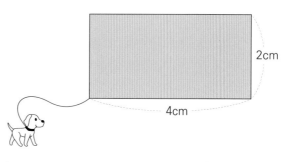

의 바깥쪽에서 진돗개가 움직일 수 있는 부분의 넓이는 몇 m²입니까? (원주율: 3)

다음 세트로
Go! Go!

심화종합 3 세트

잘 모르겠으면, 앞의 단원으로
돌아가서 복습!

1 다음 그림과 같은 입체도형의 겉넓이는 몇 cm²입니까?

(원주율: 3)

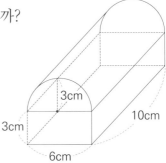

2 주머니에 흰 구슬과 검은 구슬이 들어 있습니다. 흰 구슬은 전체의 $\frac{3}{8}$보다
4개 더 많고, 검은 구슬은 전체의 $\frac{1}{8}$보다 8개 더 많습니다. 주머니에 들어 있
는 구슬은 모두 몇 개입니까?

3 흐르지 않는 물에서 1시간에 20.5km를 가는 배가 있습니다. 강물이 일정한 빠르기로 1시간 30분에 22.5km를 흐른다면, 이 배가 강물이 흐르는 방향으로 319.5km를 가는 데 몇 시간이 걸리겠습니까?

4 정육면체 모양의 쌓기나무 12개를 다음과 같이 쌓은 후 바닥 면을 포함한 모든 바깥쪽 면을 색칠하였습니다. 색칠한 쌓기나무를 모두 떼어 놓았더니 색칠된 면의 넓이의 합이 288cm²이었습니다. 색칠되지 않은 면의 넓이의 합은 몇 cm²인지 풀이 과정을 쓰고 답을 구하시오.

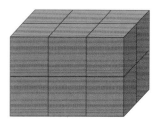

5 다음과 같이 2개의 톱니바퀴가 맞물려 돌아가
고 있습니다. 가의 톱니수가 24개고 나의 톱니
수가 32개일 때, 가와 나의 회전수의 비를 가
장 간단한 자연수의 비로 나타내시오.

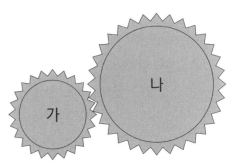

6 다음은 어느 공원의 산책로입니다. 산책로의
폭은 일정하며, 산책로는 직선 부분과 원 모양
의 곡선 부분으로 이루어져 있습니다. 산책로
의 안쪽과 바깥쪽의 둘레의 차는 30m입니다.
산책로의 폭은 몇 m입니까? (원주율: 3)

산책로의 폭

7 다음 원뿔의 겉면에 물감을 묻히고 종이 위에 옆면이 닿게 놓은 다음 원뿔이 처음의 위치로 돌아올 때까지 굴렸습니다. 물감이 묻은 종이 부분의 넓이는 몇입니까? (원주율: 3)

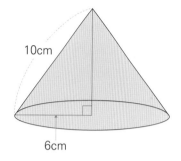

10cm

6cm

8 $\frac{9}{20}$로 나누어도, $\frac{4}{15}$로 나누어도 계산 결과가 항상 자연수가 되는 분수 중에서 가장 작은 분수를 구하시오.

이제 절반
지났어!

심화종합 4 세트

오답 노트를
만들어 봐.

1 3분 30초 동안 199.5L의 뜨거운 물이 나오는 빨간색 수도꼭지와 2분 30초 동안 110.5L의 차가운 물이 나오는 파란색 수도꼭지가 있습니다. 두 수도꼭지를 동시에 틀어서 556.6L의 물을 받으려면 몇 분 몇 초 동안 물을 받아야 합니까? (단, 빨간색 수도꼭지와 파란색 수도꼭지에서 나오는 물의 양은 각각 일정합니다.)

2 다음은 쌓기나무 64개를 쌓아 정육면체를 만든 후 각 면의 가운데 4개를 제거하고 남은 32개의 쌓기나무를 나타낸 것입니다. 그렇다면 쌓기나무 216개를 쌓아 정육면체를 만든 후 같은 방

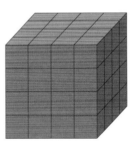
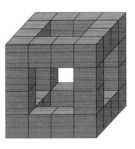

법으로 각 면의 가운데 4개를 제거하면 쌓기나무는 몇 개가 남습니까?

3 현지와 지호가 가지고 있던 돈의 비는 3:4고 지호가 3000원이 더 많습니다. 두 사람이 똑같은 금액의 돈을 내서 선생님께 드릴 선물을 샀더니 남은 돈의 비가 2:5가 되었습니다. 현지와 지호가 산 선물의 값은 얼마입니까?

4 다음은 지름이 100cm인 똑같은 원 모양 쟁반 5개를 끈으로 1번 묶은 것입니다. 매듭을 짓는 데 끈 50cm를 사용했다면 사용한 끈은 몇 cm입니까? (단, 끈의 두께는 생각하지 않으며 원주율은 3으로 계산합니다.)

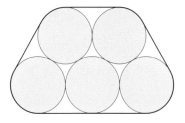

심화종합 **4** **세트**

5 가와 나는 모두 크기가 같은 정사각형 2개를 이어 붙인 직사각형을 옆면으로 하는 원기둥의 전개도입니다. 가와 나의 둘레의 비를 가장 간단한 자연수의 비로 나타내시오.

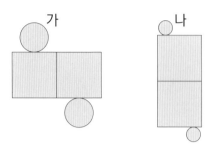

6 길이가 $36\frac{3}{8}$ m인 기차가 일정한 빠르기로 길이가 $600\frac{5}{8}$ m인 터널을 완전히 통과하는 데 $9\frac{4}{5}$ 초가 걸렸습니다. 같은 빠르기로 기차가 100초 동안 달린다면 몇 km를 달릴 수 있습니까?

7 다음 조건을 모두 만족하는 ⓒ을 구하시오.

> - ⓛ + ⓒ = 9
> - ㉠ × (ⓛ + ⓒ) = 5.4
> - ⓒ ÷ ⓛ ÷ ㉠ = 2.5

8 다음 조건을 만족하는 두 수 ㉠과 ⓛ을 구하시오.

> - ㉠의 $\frac{1}{3}$은 ⓛ의 $\frac{4}{7}$와 같습니다.
> - ㉠과 ⓛ의 평균은 57입니다.

고지에 거의
다 왔어!

심화종합 5 세트

이제 조금
알 것 같지?

1 서울에서 나주까지 가는 데 KTX로는 3시간이 걸리고, SRT로는 KTX로 가는 시간의 $\frac{4}{5}$배가 걸립니다. KTX와 SRT가 각각 서울과 나주에서 마주 보고 동시에 출발하여 1시간 10분 후에 멈추었더니 두 열차 사이의 거리가 $40\frac{1}{2}$km입니다. 서울과 나주의 거리는 몇 km입니까?

2 ㉠△㉡=㉠×㉡+㉡÷0.5로 약속할 때, 다음 식을 만족하는 □의 값을 구하시오.

$$□△1.2=4.8$$

3 쌓기나무로 정육면체를 만든 후 바닥 면을 포함한 바깥쪽 면을 모두 색칠하고 각각 떼어 놓았을 때, 색이 두 면만 칠해진 쌓기나무가 60개가 되도록 만들려고 합니다. 정육면체를 만드는 데 쌓기나무 몇 개가 필요합니까?

4 길이의 비가 3:5인 ㉠실과 ㉡실이 있습니다. ㉠실에서 100cm만큼 잘라 내고 ㉡실에서는 ㉡실의 $\frac{1}{2}$만큼 잘라 내었더니 남은 실의 길이의 비가 2:5가 되었습니다. 잘라낸 후의 두 실의 길이를 각각 구하시오.

5 반지름이 각각 12cm, 20cm인 두 바퀴가 다음과 같이 길이가 6m인 벨트로 연결되어 있습니다. 두 바퀴의 회전수의 합이 40일 때, 벨트의 회전수는 몇 번인지 풀이 과정을 쓰고 답을 구하시오. (원주율: 3)

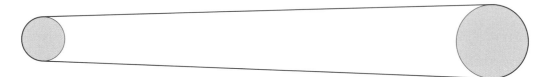

6 어떤 규칙에 따라 수를 늘어놓았습니다. ㉠과 ㉡에 들어갈 알맞은 수를 찾아 ㉠÷㉡을 구하시오.

$$\frac{1}{4}, \ \frac{3}{8}, \ \frac{5}{12}, \ \frac{7}{16}, \ ㉠, \ \frac{11}{24}, \ \frac{13}{28}, \ ㉡, \ \frac{17}{36} \ \cdots$$

7 하루에 4분씩 빨리 가는 시계가 있습니다. 이 시계를 어제 낮 12시에 정확하게 맞추어 놓았습니다. 오늘 오후 6시에 이 시계가 가리키는 시각은 몇 시 몇 분입니까?

8 다음과 같이 중심이 같고 반지름이 각각 ㉠cm, ㉡cm인 두 원이 있습니다. 두 원의 둘레의 차는 6cm이고 넓이의 차는 27cm²일 때, 작은 원의 넓이는 몇 cm²입니까? (단, ㉠과 ㉡은 자연수이고 원주율은 3입니다.)

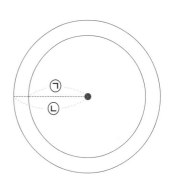

여기까지 온
네가 자랑스러워!

열려라
심화

실력 진단
테스트

실력 진단 테스트

정답과 풀이 21쪽

 60분 동안 다음의 15문제를 풀어 보세요.

1 계산이 잘못된 부분의 기호를 쓰고, 바르게 계산한 답을 쓰시오.

$$3 \div \frac{6}{7} = \frac{3}{1} \div \frac{6}{7} = \frac{1}{3} \times \frac{7}{6} = \frac{7}{18}$$

ㄱ   ㄴ   ㄷ

2 다음 나눗셈의 몫은 자연수입니다. 몫이 가장 작을 때 □ 안에 알맞은 자연수를 구하시오.

$$\frac{6}{7} \div \frac{3}{\square}$$

3 우리나라에서는 태양의 운행 주기에 따라 1년을 24절기로 나누었습니다. 그 중 동지는 일 년 중에서 밤이 가장 길고 낮이 가장 짧은 날입니다. 어느 동짓 날 밤의 길이가 낮의 길이보다 $1\frac{1}{7}$시간 더 길 때 밤의 길이는 낮의 길이의 몇 배인지 구하시오.

4 선우의 시계는 하루에 $\frac{1}{10}$분씩 빨라지고, 민하의 시계는 하루에 $\frac{1}{6}$분씩 느려 집니다. 두 사람이 6월 5일 오후 1시에 시계를 정확히 맞추었다면 두 사람의 시계가 가리키는 시각의 차가 $\frac{1}{15}$시간이 되는 때는 몇 월 며칠 몇 시입니까?

5 해진이네 집 수도가 고장 나서 물이 조금씩 새고 있습니다. 이 수도에서 새는 물을 2시간 15분 동안 통에 받았더니 $4\frac{7}{8}$ L가 되었습니다. 1시간 동안 새는 물은 얼마입니까?

① $\frac{1}{6}$ L   ② $2\frac{1}{6}$ L   ③ $12\frac{3}{25}$ L   ④ $4\frac{5}{43}$ L   ⑤ $7\frac{1}{8}$ L

6 휘발유 1L의 가격이 1890원이고, 영희네 집 자동차는 $\frac{4}{15}$ km를 달리는 데 $\frac{2}{7}$ L의 휘발유가 필요합니다. 이 자동차로 6km를 가는 데 드는 휘발유의 값은 얼마입니까?

7 설탕 135.36kg을 1봉지에 1.88kg씩 담아서 포장하여 1봉지에 2000원씩 받고 팔려고 합니다. 설탕을 모두 판다면 판매한 금액은 얼마가 되겠습니까?

8 2시간 15분 동안 367kg의 사료를 만드는 공장이 있습니다. 1시간에 약 몇 kg의 사료를 만드는 셈입니까? (단, 반올림하여 소수 첫째 자리까지 구하시오.)

9 45분에 18.6km를 흐르는 강이 있습니다. 30분에 25.8km를 가는 배가 강이 흐르는 반대 방향으로 거슬러 출발하였습니다. 75.04km를 가려면 몇 시간 몇 분이 걸리겠습니까?

10 철민이와 청솔이는 철사를 나누어 가졌습니다. 철민이는 전체의 0.58만큼 가졌는데 그 길이가 5.22m이었습니다. 청솔이는 몇 m의 철사를 가졌습니까?

11 다음은 3차원 스캔을 하기 위해 쌓기나무로 쌓은 모양을 위, 앞, 옆에서 촬영한 사진입니다. 쌓기나무의 개수가 가장 많은 경우와 가장 적은 경우의 개수의 차를 구하시오.

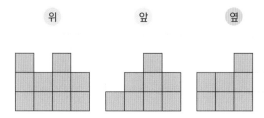

12 다음 중 어떤 양을 4:9로 비례배분할 때, 알맞은 분수의 비를 모두 고르면?

① $\frac{1}{4} : \frac{1}{9}$ ② $\frac{1}{9} : \frac{1}{4}$ ③ $\frac{36}{4} : \frac{36}{9}$ ④ $\frac{4}{13} : \frac{9}{13}$ ⑤ $\frac{9}{13} : \frac{4}{13}$

13 직선 가와 직선 나는 서로 평행합니다. 직사각형 ㉮와 삼각형 ㉯의 넓이의 비는 3:2이고, 삼각형 ㉯와 사다리꼴 ㉰의 넓이의 비는 5:7입니다. 사다리꼴 ㉰의 윗변의 길이와 아랫변의 길이의 비를 가장 간단한 자연수의 비로 나타내시오.

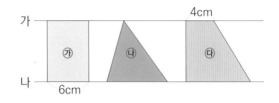

14 다음 도형은 반지름이 4cm인 사분원 안에 지름 4cm짜리 반원을 2개 그린 것입니다. 색칠한 부분의 둘레와 넓이를 구하시오. (원주율: 3)

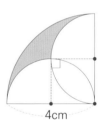

15 다음 그림과 같이 도형을 직선 가를 회전축으로 1회 전 했을 때 생긴 도형의 부피를 구하시오. (원주율: 3)

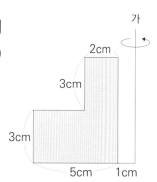

실력 진단 결과
• 정답과 풀이 24쪽 참고

채점을 한 후, 다음과 같이 점수를 계산합니다.

(내 점수)=(맞은 개수)×6+10(점)

내 점수: _____ 점

점수에 따라 무엇을 하면 좋을까요?

90점~100점: 틀린 문제만 오답하세요.

80점~90점: 틀린 문제를 오답하고, 여기에 해당하는 개념을 찾아 복습하세요.

70점~80점: 이 책을 한 번 더 풀어 보세요.

60점~70점: 개념부터 차근차근 다시 공부하세요.

50점~60점: 개념부터 차근차근 공부하고, 재밌는 책을 읽는 시간을 많이 가져 보세요.

지은이 **류승재**

고려대학교 수학과를 졸업했습니다. 25년째 수학을 가르치고 있습니다. 최상위권부터 최하위권까지, 재수생부터 초등부까지 다양한 성적과 연령대의 아이들에게 수학을 가르쳤습니다. 교과 수학뿐만 아니라 사고력 수학 · 경시 수학 · SAT · AP · 수리논술까지 다양한 분야의 수학을 다루었습니다.

수학 공부의 바이블로 인정받는 《수학 잘하는 아이는 이렇게 공부합니다》를 썼고, 더 체계적이고 구체적인 초등 수학 공부법을 공유하기 위해 《초등수학 심화 공부법》을 썼습니다. 유튜브 채널 「공부머리 수학법」과 강연, 칼럼 기고 등 다양한 활동을 통해 수학 잘하기 위한 공부법을 나누고 있습니다.

유튜브 「공부머리 수학법」
네이버카페 「공부머리 수학법」
책을 읽고 궁금한 내용은 네이버카페에 남겨 주세요.

초판 1쇄 발행 2023년 1월 3일

지은이 류승재

펴낸이 金昇芝
편집 김도영 노현주
디자인 별을잡는그물 양미정

펴낸곳 블루무스에듀
전화 070-4062-1908
팩스 02-6280-1908
주소 경기도 파주시 경의로 1114 에펠타워 406호
출판등록 제2022-000085호
이메일 bluemoosebooks@naver.com
인스타그램 @bluemoose_books

ⓒ 류승재 2023

ISBN 979-11-91426-73-1 (63410)

생각의 힘을 기르는 진짜 공부를 추구하는 블루무스에듀는 블루무스 출판사의 어린이 학습 브랜드입니다.

열려라 **심화**

초등수학

6-2

정답과 풀이

기본 개념 테스트

1단원 분수의 덧셈과 뺄셈 · 10쪽~11쪽

채점 전 지도 가이드
(분수)÷(분수)를 배우는 단원입니다. 쉽사리 이해하기 어려운 개념이니만큼, 계산 절차나 알고리즘이 아닌 원리 이해에 초점을 맞추어야 합니다. 특히 분수가 나누는 수일 때는 나눗셈을 하면 결과가 작아진다는 일반적인 사실이 틀릴 수도 있으므로 원리 이해가 매우 중요합니다. 기본 개념 테스트에서는 나눗셈의 두 가지 원리인 포함제와 등분제를 제대로 알고 있는지를 차례대로 확인합니다. 특히 2번 문제는 단위 비율 결정 상황, 즉 1을 기준으로 수를 정리하는 원리이므로 정확히 알게 합니다.

1.

| $\frac{1}{7}$ | $\frac{1}{7}$ | $\frac{1}{7}$ | $\frac{1}{7}$ | | |

$\frac{4}{7}$ 에는 $\frac{2}{7}$ 가 2번 들어갑니다.

따라서 $\frac{4}{7} \div \frac{2}{7} = 4 \div 2 = 2$

2.

나누어지는 수와 나누는 수를 놓고, 나누는 수가 1일 때 나누어지는 수의 값을 구하는 것으로 생각할 수 있습니다. 예를 들어 $15 \div 3 = 5$ 를 계산할 때, '3이 1이 되면 15는 얼마가 되는가?'라고 생각합니다. 즉 나눗셈을 비율의 관점에서 생각할 수 있는 것입니다.

따라서 $2 \div \frac{1}{2}$ 을 '$\frac{1}{2}$ 이 1이 되면 2는 얼마가 되는가?'라는 비율의 관점으로 생각하면 다음 그림과 같이 설명할 수 있습니다.

3.

1) $6 \div \frac{3}{5} = \frac{30}{5} \div \frac{3}{5} = 30 \div 3 = 10$

2) 1에서 $\frac{1}{5}$ 을 5개 덜어 낼 수 있으므로 6에서는 $\frac{1}{5}$ 을 30개 덜어 낼 수 있습니다. 따라서 6에서는 $\frac{3}{5}$ 을 10개 덜어 낼 수 있습니다.

 = 0이므로 $6 \div \frac{3}{5} = 10$ 입니다.

4.

1) $\left(\frac{3}{4} \div 2 \right) \div \frac{1}{5} = \left(\frac{3}{4} \times \frac{1}{2} \right) \times 5 = \frac{3}{8} \times 5 = \frac{3 \times 5}{8} = \frac{15}{8} = 1\frac{7}{8}$

2) $\left(\frac{3}{4} \div \frac{1}{5} \right) \div 2 = \left(\frac{3}{4} \times 5 \right) \times \frac{1}{2} = \frac{3 \times 5}{4} \times \frac{1}{2} = \frac{15}{4} \times \frac{1}{2} = \frac{15}{8}$
$= 1\frac{7}{8}$

두 식의 계산 결과는 같습니다.

2단원 소수의 나눗셈 · 18쪽~19쪽

채점 전 지도 가이드
기본 개념 테스트는 계산 원리를 이해했는지 확인하기 위해 그림과 분수 등을 이용한 계산을 하게 합니다. 물론 소수의 나눗셈은 자연수의 나눗셈처럼 하도록 하는 게 최종 학습 목표지만 원리 이해를 위해 한 번쯤 짚고 넘어가는 것이 좋습니다.

1.

1) 막대 그림을 그려 계산하기

| 1.2cm | 1.2cm | 1.2cm | 1.2cm | 1.2cm | 1.2cm |

7.2 길이의 막대에 1.2가 6번 들어갑니다.

2) 자연수의 나눗셈을 이용하기
나누어지는 수와 나누는 수에 똑같이 10을 곱해 자연수로 만들어 계산합니다. 몫은 같습니다.

$$7.2 \quad \div \quad 1.2$$
$$\downarrow 10배 \qquad \downarrow 10배$$
$$72 \quad \div \quad 12 \quad = 6$$

3) 분수의 나눗셈을 이용하기
$7.2 \div 1.2 = \frac{72}{10} \div \frac{12}{10} = 72 \div 12 = 6$

4) 세로셈으로 계산하기
나누는 수와 나누어지는 수에 똑같이 10배 하여 소수점을 각각 오른쪽으로 한 자리씩 옮겨서 계산합니다.

$$1.2 \overline{)7.2} \quad \Rightarrow \quad 12 \overline{)\begin{array}{r} 6 \\ 7\ 2 \\ 7\ 2 \\ \hline 0 \end{array}}$$

3단원 공간과 입체

• 26쪽~27쪽

채점 전 지도 가이드

쌓기나무 활동이 주축인 단원입니다. 조작 체험을 많이 한 아이들은 이 단원을 매우 쉽게 학습하고, 그렇지 않다면 머릿속에서 추측해 푸는 데 어려움을 느낄 것입니다. 기본 개념 테스트를 그냥 풀기 어려워한다면 쌓기나무로 직접 쌓아 보면서 풀게 지도합니다.

1.

1)

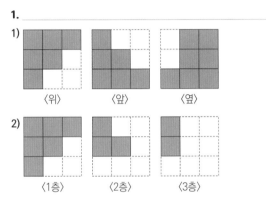

〈위〉　　〈앞〉　　〈옆〉

2)

〈1층〉　　〈2층〉　　〈3층〉

3) 첫째, 위에서 본 모양에 수를 쓰는 방법으로 쌓기나무의 개수를 알아봅니다.

쌓기나무의 개수는 3+3+1+1+2+1 = 11(개)입니다.

둘째, 2)에서 구한 층별 개수를 합쳐서 구합니다. 1층이 6개, 2층이 3개, 3층이 2개이므로 6+3+2 = 11(개)입니다.

4단원 비례식과 비례배분

• 30쪽~31쪽

채점 전 지도 가이드

정말 중요한 비례식을 배우는 단원입니다. 함수, 방정식, 부등식 등을 푸는 데 이용되기에 개념 정리를 꼼꼼히 해야 합니다. 비례식의 외항과 내항의 곱은 같다는 성질을 이해하기 위해, 비율로부터 비례식을 정의하는 부분을 잘 짚어야 합니다. 한편 비례배분의 경우 지금까지 단위 비율 결정이나 나누어 가지는 문제 등을 잘 풀어왔다면 수월하게 이해할 수 있습니다. 이 단원을 통해 비례 추론 능력을 기를 수 있어야 합니다.

1.

첫째, 비의 전항과 후항에 0이 아닌 같은 수를 곱하여도 비율은 같습니다.

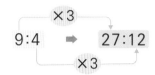

둘째, 비의 전항과 후항을 0이 아닌 같은 수를 나누어도 비율은 같습니다.

2.

비율이 같은 두 비를 기호 '='를 사용하여 3:5=9:15와 같이 나타낼 수 있습니다. 이와 같은 식을 비례식이라고 합니다.

3.

비례식 3:5=9:15에서 바깥쪽에 있는 3과 15를 외항, 안쪽에 있는 5와 9를 내항이라 합니다.

비례식에서 외항의 곱과 내항의 곱은 같습니다. $3 \times 15 = 5 \times 9$입니다.

4.

전체를 주어진 비로 배분하는 것을 비례배분이라고 합니다.

㉮:㉯=□:○일 때

㉮ = (전체)×$\dfrac{□}{□+○}$

㉯ = (전체)×$\dfrac{○}{□+○}$

5.

$30 \times \dfrac{2}{2+3} = 30 \times \dfrac{2}{5} = 12$(개)

$30 \times \dfrac{3}{2+3} = 30 \times \dfrac{3}{5} = 18$(개)

12개와 18개로 나누어 가질 수 있습니다.

5단원 **원의 넓이**
·40쪽~41쪽

채점 전 지도 가이드

원주율은 수학자들이 무수한 원의 지름과 원주의 길이를 측정하는 과정에서 발견한 개념입니다. 모든 원이 지름과 원주의 비율이 같다는 사실은 원을 이해하고 다루는 데 큰 역할을 했습니다. 문제에서 원주율은 3, 3.1, 3.14 등으로 제시되는데 굳이 더 정확한 값으로 따져 복잡한 연산에 매몰되는 건 의미 없습니다. 중요한 건 모든 원의 원주율이 같다는 사실이기 때문이고, 또한 원주율은 어차피 나중에 기호 π로 대체되기 때문입니다.

1.

1) 원의 둘레를 원주라고 합니다.
   원의 지름에 대한 원주의 비율을 원주율이라고 합니다.
   (원주율)=(원주)÷(지름)으로 계산합니다.

2)

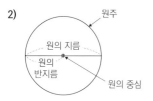

원의 크기에 상관없이 원주율, 즉 (원주)÷(지름)의 값은 변하지 않습니다.

2.

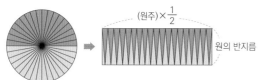

원을 한없이 잘라서 이어 붙이면 점점 직사각형에 가까워지는 도형이 됩니다. 직사각형의 넓이를 구하는 공식을 이용해 원의 넓이를 구해 봅니다.

그림을 보면 (원의 넓이)=(원주)×$\frac{1}{2}$×(반지름)입니다.

(원주)=(원주율)×(지름)이므로

(원의 넓이)=(원주율)×(지름)×$\frac{1}{2}$×(반지름)

(지름)=(반지름)×2이므로

(원의 넓이)=(원주율)×(반지름)×2×$\frac{1}{2}$×(반지름)

　　　　　=(원주율)×(반지름)×(반지름)

단원별 심화

1단원 **분수의 나눗셈**
·12쪽~17쪽

가1. ① 20 ② 5 ③ 35　　**가2.** (풀이 참조)

나1. 500명　　**나2.** 50개

다1. $\frac{8}{5}$　　**다2.** 195쪽

가1. ──────────────── **단계별 힌트**

1단계	예제 풀이를 복습합니다.
2단계	각 과정마다 어떤 방법을 사용하고 있는지 살핍니다.
3단계	③의 경우, 분수 속 분수를 없애기 위해서 두 분모의 최소공배수를 곱해 봅니다.

①은 분모를 35로 통분해서 계산하는 과정입니다. 분모를 통분하면 분자끼리만 나눗셈을 할 수 있습니다.

$\frac{4}{7} \div \frac{3}{5} = \frac{20}{35} \div \frac{21}{35} = \frac{20}{21}$

□에 들어갈 수는 모두 20입니다.

②는 나누는 수의 분모와 분자를 바꾼 수를 나누어지는 수와 나누는 수에 각각 곱해 나누는 수를 1로 만드는 과정입니다.

$\frac{4}{7} \div \frac{3}{5} = (\frac{4}{7} \times \frac{5}{3}) \div (\frac{3}{5} \times \frac{5}{3}) = (\frac{4}{7} \times \frac{5}{3}) \div 1 = \frac{4}{7} \times \frac{5}{3}$

□에 들어갈 수는 모두 5입니다.

③은 나누기를 분수로 고친 후, 분모와 분자에 동일한 수를 곱해서 간단하게 바꾸는 과정입니다.

$\frac{4}{7} \div \frac{3}{5} = \frac{\frac{4}{7}}{\frac{3}{5}} = \frac{\frac{4}{7} \times 7 \times 5}{\frac{3}{5} \times 7 \times 5} = \frac{\frac{4}{7} \times 35}{\frac{3}{5} \times 35} = \frac{4 \times 5}{3 \times 7} = \frac{20}{21}$

□에 들어갈 수는 7×5=35입니다.

가2. ──────────────── **단계별 힌트**

1단계	예제 풀이를 복습합니다.
2단계	□÷○=(□×★)÷(○×★)입니다. 즉 나누어지는 수와 나누는 수에 똑같은 수를 곱해도 식은 같습니다.

1) $\frac{5}{8} \div \frac{3}{7} = \frac{35}{56} \div \frac{24}{56} = 35 \div 24 = \frac{35}{24}$

2) $\frac{5}{8} \div \frac{3}{7} = (\frac{5}{8} \times \frac{7}{3}) \div (\frac{3}{7} \times \frac{7}{3}) = (\frac{5}{8} \times \frac{7}{3}) \div 1 = \frac{5}{8} \times \frac{7}{3} = \frac{35}{24}$

3) $\frac{5}{8} \div \frac{3}{7} = \frac{\frac{5}{8}}{\frac{3}{7}} = \frac{\frac{5}{8} \times 8 \times 7}{\frac{3}{7} \times 8 \times 7} = \frac{5 \times 7}{3 \times 8} = \frac{25}{24}$

나1.

단계별 힌트

1단계	예제 풀이를 복습합니다.
2단계	단위 분수에 해당하는 학생 수를 구해 봅니다.
3단계	2단계에서 구한 것을 이용해 전체 학생 수를 구합니다.

$\frac{3}{10}$의 단위 비율은 $\frac{1}{10}$입니다.

전체의 $\frac{3}{10}$이 150명이므로, 전체의 $\frac{1}{10}$은 50명입니다.

따라서 6학년 전체 학생 수는 $50 \times 10 = 500$(명)입니다.

나2.

단계별 힌트

1단계	예제 풀이를 복습합니다.
2단계	단위 분수에 해당하는 값을 구한 다음 이를 이용해 전체 사탕의 수를 구해 봅니다.
3단계	다혜와 하늬가 가진 사탕의 차이는 20개입니다. 이를 분수로 어떻게 표현합니까?

다혜가 전체 사탕의 $\frac{8}{15}$, 하늬가 전체 사탕의 $\frac{7}{15}$을 가지고 있습니다. 둘의 차이는 $\frac{8}{15} - \frac{7}{15} = \frac{1}{15}$이고, 이것이 사탕 20개와 같습니다. 따라서 전체 사탕의 개수는 $20 \times 15 = 300$(개)입니다.

300개의 사탕을 다혜와 하늬가 각각 $\frac{7}{15}$, $\frac{5}{15}$씩 가지면 다혜는 $300 \times \frac{7}{12} = 175$(개), 하늬는 $300 \times \frac{5}{12} = 125$(개) 가지므로 다혜는 하늬보다 50개의 사탕을 더 가집니다.

다1.

단계별 힌트

1단계	예제 풀이를 복습합니다.
2단계	14부터 거꾸로 거슬러 올라가 봅니다.
3단계	나누기를 거꾸로 하면 곱하기, 더하기를 거꾸로 하면 빼기, 곱하기를 거꾸로 하면 나누기가 됩니다.

1. $\frac{4}{7}$로 나누어서 14가 되는 수를 구합니다.

나누었으므로 곱해 줍니다. $14 \times \frac{4}{7} = 8$

2. $\frac{2}{5}$를 더해서 8이 되는 수를 구합니다.

더했으므로 빼 줍니다. $8 - \frac{2}{5} = \frac{38}{5}$

3. $\frac{19}{4}$를 곱해서 $\frac{38}{5}$이 되는 수를 구합니다.

곱했으므로 나누어 줍니다. $\frac{38}{5} \div \frac{19}{4} = \frac{38}{5} \times \frac{4}{19} = \frac{8}{5}$

다2.

단계별 힌트

1단계	예제 풀이를 복습합니다.
2단계	마지막 남은 35쪽부터 거꾸로 거슬러 올라가 봅니다.

3단계	셋째 날 남아 있던 동화책의 $\frac{5}{12}$를 읽고 35쪽이 남았습니다. 35쪽은 셋째 날 남은 동화책의 몇 분의 몇입니까?

셋째 날 남아 있던 동화책의 $\frac{5}{12}$를 읽었으므로 $\frac{7}{12}$이 남았습니다. 이것이 35쪽이므로 $\frac{7}{12}$이 35쪽이고, 따라서 $\frac{1}{12}$은 5쪽입니다. 따라서 셋째 날 남아 있던 동화책은 $12 \times 5 = 60$(쪽)입니다.

둘째 날 남은 동화책의 $\frac{5}{9}$를 읽었으므로 $\frac{4}{9}$가 남았습니다. 이것이 60쪽이므로 $\frac{4}{9}$가 60쪽이고, 따라서 $\frac{1}{9}$은 15쪽입니다. 따라서 둘째 날 남아 있던 동화책은 $15 \times 9 = 135$(쪽)입니다.

전체 중 $\frac{4}{13}$를 읽었으므로 $\frac{9}{13}$가 남았습니다. 이것이 135쪽이므로 $\frac{9}{13}$가 135쪽이고, 따라서 $\frac{1}{13}$은 15쪽입니다. 전체 동화책은 $13 \times 15 = 195$(쪽)입니다. 식으로 쓰면 $135 \div \frac{9}{13} = 195$입니다.

2단원 소수의 나눗셈

· 20쪽~25쪽

가1. 106500원	가2. 30000원	나1. 3시간 24분
나2. 62시간	다1. 1000원	다2. 50%

가1.

단계별 힌트

1단계	예제 풀이를 복습합니다.
2단계	기준이 되는 단위를 정하여 문제를 해결합니다.
3단계	철근 1미터의 무게는 어떻게 구할 수 있습니까?

철근 1m의 가격이 주어졌으므로 1m를 기준 단위로 정합니다.

철근 1m의 무게는 $17.4 \div 2.5 = 6.96$(kg)입니다.

따라서 철근 247.08kg의 길이는 $247.08 \div 6.96 = 35.5$(m)입니다.

따라서 철근 247.08kg의 가격은 $35.5 \times 3000 = 106500$(원)입니다.

가2.

단계별 힌트

1단계	예제 풀이를 복습합니다.
2단계	기준 단위를 L로 정하여 문제를 해결합니다. 1L로 칠할 수 있는 면적을 구합니다.
3단계	도로 95m²를 칠하는 데 필요한 페인트는 몇 L입니까?

페인트 1L당 가격이 주어졌으므로 1L를 단위로 합니다.

페인트 1L로 칠할 수 있는 도로의 면적은 $5.7 \div 0.6 = 9.5$(m²)입니다.

따라서 도로 95m²를 칠하는 데 필요한 페인트의 양은 $95 \div 9.5 = 10$(L)입니다.

페인트 10L의 가격은 $3000 \times 10 = 30000$(원)입니다.

나1. 단계별 힌트

1단계	예제 풀이를 복습합니다.
2단계	강물이 1시간당 흐르는 거리를 구해 봅니다.
3단계	강물과 배가 반대 방향으로 움직일 때의 배의 속력은 (배의 속력)−(강물의 속력)입니다.

3시간 15분은 3.25시간입니다. 따라서 강물이 1시간 동안 흐르는 거리는 48.75÷3.25=15(km)입니다.

배가 강물이 흐르는 반대 방향으로 1시간 동안 갈 수 있는 거리는 37.5−15=22.5(km)이므로 76.5km를 가는 데 걸리는 시간은 76.5÷22.5=3.4(시간)입니다.

3.4시간은 3시간 24분입니다. 배가 가는 데 걸린 시간은 3시간 24분입니다.

나2. 단계별 힌트

1단계	예제 풀이를 복습합니다.
2단계	(시간)=(거리)÷(속력)입니다.
3단계	강물과 배가 반대 방향으로 움직일 때의 배의 속력은 (배의 속력)−(강물의 속력)이고, 강물과 배가 같은 방향으로 움직일 때의 배의 속력은 (배의 속력)+(강물의 속력)입니다.

강물이 흐르는 반대 방향으로 움직일 때(하류→상류) 1시간 동안 배가 움직이는 거리는 20−12=8(km)이고, 강물이 흐르는 방향으로 움직일 때(상류→하류) 1시간 동안 배가 움직이는 거리는 20+12=32(km)입니다.

배는 하류에서 상류로 396.8km를 가는 데 1시간당 8km씩 가고, 상류에서 하류로 396.8km를 가는 데 1시간당 32km씩 갑니다.

따라서 왕복하는 데 걸리는 시간은 396.8÷8+396.8÷32=62(시간)입니다.

다1. 단계별 힌트

1단계	예제 풀이를 복습합니다.
2단계	정가의 ○%만큼 할인한 할인가는 (정가)×$(1-\frac{○}{100})$입니다.
3단계	정가의 15%만큼 할인했을 때 할인받는 가격은 (정가)×$\frac{15}{100}$입니다. 이를 소수로 계산해 봅니다.

1000원의 이익이 남도록 정가를 정하였는데, 할인하여 600원의 이익이 남았습니다. 정가의 0.2만큼 할인하여 팔았기 때문입니다. 따라서 정가의 0.2가 곧 400원입니다. 식으로 쓰면 다음과 같습니다.

(정가)×0.2=400

→ (정가)=2000(원)

정가는 원가보다 1000원이 비쌉니다. 따라서 원가는 1000원입니다.

다2. 단계별 힌트

1단계	예제 풀이를 복습합니다.
2단계	정가부터 구합니다. 원가의 □% 이익을 붙인 정가는 (원가)×$(1+\frac{□}{100})$입니다.
3단계	원가보다 800원의 이익을 볼 수 있으려면 가격이 1800원이어야 합니다. 이는 정가의 몇 %를 올린 가격입니까?

현재 정가는 $1000×(1+\frac{20}{100})=100×1.2=1200$(원)입니다.

한편 원가에서 800원 이익을 붙인 가격은 1800원입니다.

따라서 정가에서 □%만큼 인상하여 1800원이 되어야 합니다.

정가에서 □% 인상한 가격은 $1200×(1+\frac{□}{100})$고 이것이 1800원이므로 다음의 식이 성립합니다.

$1200×(1+\frac{□}{100})=1800$

→ $1+\frac{□}{100}=1800÷1200$

→ $1+\frac{□}{100}=1.5$

→ $\frac{□}{100}=0.5$

□=50이므로 답은 50%입니다.

3단원 공간과 입체 • 28쪽~29쪽

가1. 1) 8개 2) 36개 3) 54개 4) 27개 **가2.** 48개

가1. 단계별 힌트

1단계	예제 풀이를 복습합니다.
2단계	꼭짓점에 놓이는 쌓기나무는 세 개의 면이 칠해지고, 그 외의 모서리에 놓이는 쌓기나무는 두 개의 면이 칠해집니다.
3단계	감이 오지 않으면 직접 쌓기나무를 쌓아 봅니다.

1) 세 면이 색칠된 쌓기나무의 개수는 각 꼭짓점에 있는 쌓기나무입니다. 정육면체의 꼭짓점은 8개이므로 쌓기나무는 8개입니다.

2) 두 면이 색칠된 쌓기나무의 개수는 각 모서리에 있는 꼭짓점을

제외한 쌓기나무로 모서리마다 3개씩 있습니다. 정육면체의 모서리는 총 12개이므로 12×3=36(개)입니다.

3) 한 면이 색칠된 쌓기나무의 개수는 정육면체의 한 면에 꼭짓점 4개와 모서리 12개를 제외하고 9개씩 있습니다. 정육면체의 면은 6개이므로 6×9=54(개)입니다.

4) 어느 한 면도 색칠되지 않은 쌓기나무의 개수는 겉에 색칠된 쌓기나무를 깎아 내고 남은 것입니다. 한 변에 쌓기나무가 3개인 정육면체이므로 총 3×3×3=27(개)입니다.

가2.

단계별 힌트

1단계	예제 풀이를 복습합니다.
2단계	꼭짓점에 놓이는 쌓기나무는 세 개의 면이 칠해지고, 그 외의 모서리에 놓이는 쌓기나무는 두 개의 면이 칠해집니다. 나머지 쌓기나무는 한 면에만 색이 칠해집니다.
3단계	감이 오지 않으면 직접 쌓기나무를 쌓아 봅니다.

한 면만 칠해진 쌓기나무의 개수를 생각해 봅니다. 정육면체의 면은 6개이므로 각 면당 96÷6=16(개)의 쌓기나무가 한 면만 칠해져 있습니다. 16개가 정사각형을 이루므로 한 변의 길이는 쌓기나무 4개입니다. 그 주변을 모서리와 꼭짓점이 감싸고 있으므로, 모서리의 길이는 쌓기나무 6개입니다.

이를 그림으로 표현하면 다음과 같습니다.

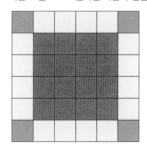

큰 정육면체의 모서리의 길이가 쌓기나무 6개이므로, 정육면체에 사용된 쌓기나무의 개수는 6×6×6=216(개)입니다.

따라서 두 면만 칠해진 쌓기나무는 모서리당 4개씩 있습니다. 모서리가 12개 있으므로 두 면만 칠해진 쌓기나무의 개수를 계산하면 4×12=48(개)입니다.

4단원 비례식과 비례배분

• 32쪽~39쪽

가1. 10개   **가2.** 33회전   **나1.** 57:43

나2. 67:77   **다1.** 빵: 2000원, 우유: 1200원

다2. 귤: 3600원, 감: 7200원

라1. 80만 원   **라2.** 21개

가1.

단계별 힌트

1단계	예제 풀이를 복습합니다.
2단계	구해야 하는 ㉯톱니바퀴의 톱니수를 □로 놓고 식을 세워 봅니다.
3단계	㉮톱니수:㉯톱니수=$\frac{1}{㉮회전수}$: $\frac{1}{㉯회전수}$입니다.

㉯톱니바퀴의 톱니수를 □로 놓고 식을 세워 봅니다.

㉮톱니수:㉯톱니수=$\frac{1}{㉮회전수}$: $\frac{1}{㉯회전수}$이므로

8:□=$\frac{1}{5}$: $\frac{1}{4}$

→ 8:□=$\frac{1}{5}$×20 : $\frac{1}{4}$×20

→ 8:□=4:5

→ □=10입니다.

가2.

단계별 힌트

1단계	예제 풀이를 복습합니다.
2단계	㉯톱니바퀴의 1분당 회전수를 □로 놓고 식을 세워 봅니다.
3단계	㉮톱니수×㉮회전수=㉯톱니수×㉯회전수입니다.

㉯톱니바퀴의 1분당 회전수를 □라고 놓으면 다음의 식이 성립합니다.

11×27=9×□

→ 297=9×□

→ □=33입니다.

나1.

단계별 힌트

1단계	예제 풀이를 복습합니다.
2단계	1반과 2반의 남녀 학생 수의 비를 구하고 전항과 후항의 합을 서로 동일한 크기(최소공배수)로 통일해 봅니다.
3단계	두 비의 전항과 후항의 합이 같고 인원수가 같습니다. 그렇다면 전항과 후항을 각각 더하여 비를 구할 수 있습니다.

1반과 2반의 남녀 학생 수의 비의 전항과 후항의 합은 각각 25와 10입니다. 25와 10의 최소공배수는 50입니다. 따라서 1반의 남녀 학생 수의 비에는 2를 곱하고, 2반의 남녀 학생 수의 비에는 5를 곱

하여 전항과 후항의 합을 50으로 서로 같게 만듭니다. 1반과 2반은 인원수가 같으므로, 전체 남녀 학생 수의 비는 다음과 같이 구할 수 있습니다.

1반 남녀 학생 수의 비	11×2:14×2=22:28
2반 남녀 학생 수의 비	7×5:3×5=35:15
전체 남녀 학생 수의 비	(22+35):(28+15)=57:43

나2. _____ 단계별 힌트

1단계	예제 풀이를 복습합니다.
2단계	각각 가진 빨간 구슬과 파란 구슬 개수의 비를 구한 다음, 전항과 후항의 합을 동일한 크기(최소공배수)로 통일해 봅니다.
3단계	두 비의 전항과 후항의 합이 같고 인원수가 같습니다. 그렇다면 전항과 후항을 각각 더하여 비를 구할 수 있습니다.

친구와 내가 가지고 있는 빨간 구슬과 파란 구슬 개수의 비의 전항과 후항의 합은 각각 9와 8입니다. 9와 8의 최소공배수는 72입니다. 따라서 친구의 비에는 8을 곱하고, 나의 비에는 9를 곱합니다. 친구의 빨간 구슬과 파란 구슬의 비는 40:32가 되고, 나의 빨간 구슬과 파란 구슬의 비는 27:45가 됩니다. 친구와 나의 구슬의 개수가 같으므로 전체 빨간 구슬과 파란 구슬의 비는 (40+27):(32+45)=67:77입니다.

다1. _____ 단계별 힌트

1단계	예제 풀이를 복습합니다.
2단계	□를 사용해 빵과 우유의 가격의 비를 어떻게 표현할 수 있습니까?
3단계	빵과 우유의 가격의 비가 5:3이므로 빵의 가격은 5×□, 우유의 가격은 3×□로 표현할 수 있습니다.

빵과 우유의 가격의 비가 5:3이므로 빵의 가격은 5×□, 우유의 가격은 3×□입니다.
빵 3개, 우유 2개를 구입했으므로 가격을 기준으로 식을 세워 봅니다.
$3×(5×□)+2×(3×□)=8400$
$→ 21×□=8400$
$→ □=400$
따라서 빵의 가격은 5×400=2000(원), 우유의 가격은 3×400=1200(원)입니다.

다2. _____ 단계별 힌트

1단계	예제 풀이를 복습합니다.
2단계	□를 사용해 귤과 감의 가격의 비를 표현하고, △를 사용해 귤과 감의 개수의 비를 표현해 봅니다.
3단계	(귤의 개수)=9×□, (귤의 가격)=4×△라면 귤을 구입하는 데 든 돈은 9×□×4×△=36×□×△입니다.

1. 구입한 귤과 감의 개수와 가격, 각각 구입하는 데 든 돈을 써 봅니다.
귤과 감의 개수의 비가 9:8이므로 (귤의 개수)=9×□, (감의 개수)=8×□로 놓을 수 있습니다.
귤과 감의 가격의 비가 4:9이므로 (귤의 가격)=4×△, (감의 가격)=9×△로 놓을 수 있습니다.
2. 물건을 사는 데 드는 돈은 (개수)×(가격)입니다.
따라서 귤을 사는 데 든 돈은 9×□×4×△=36×□×△, 감을 구입하는 데 든 돈은 8×□×9×△=72×□×△입니다.
3. 귤과 감을 사는 데 들어간 비용의 비율을 정리하면
$36×□×△:72×□×△$
$→ 36:72=1:2$
4. 귤을 사는 데 사용한 금액과 감을 사는 데 사용한 금액을 각각 알기 위해 총 10800원을 1:2로 비례배분합니다.
(귤을 사는 데 사용한 금액)=$10800×\dfrac{1}{1+2}=3600$(원)
(감을 사는 데 사용한 금액)=$10800×\dfrac{2}{1+2}=7200$(원)

라1. _____ 단계별 힌트

1단계	전체 이익금을 □라고 놓아 봅니다.
2단계	동주와 진영이 투자한 금액의 비는 어떻게 구합니까?
3단계	진영이가 받는 이익금을 비례배분하는 식을 세워 봅니다.

전체 이익금을 □라고 놓고 식을 세워 봅니다.
동주와 진영의 투자금의 비는 1000000:3000000=1:3이므로,
진영이가 받는 이익금은 $□×\dfrac{3}{1+3}=□×\dfrac{3}{4}$입니다.
$□×\dfrac{3}{4}=6000000$이므로
$□=6000000÷\dfrac{3}{4}=800000$(원)입니다.

라2. _____ 단계별 힌트

1단계	전체 붕어빵의 개수를 □라고 놓아 봅니다.
2단계	민서와 동생의 몸무게의 비는 어떻게 구합니까?
3단계	민서가 먹는 붕어빵의 개수를 비례배분하는 식을 세워 봅니다.

전체 붕어빵을 □라고 놓고 식을 세워 봅니다.
민서와 동생의 몸무게의 비가 40:30=4:3이므로,
민서가 먹는 붕어빵의 개수는 $□×\dfrac{4}{4+3}=□×\dfrac{4}{7}$입니다.
$□×\dfrac{4}{7}=12$(개)입니다. 따라서 $□=12÷\dfrac{4}{7}=21$(개)입니다.

5단원 **원의 넓이**

• 42쪽~49쪽

가1. 둘레: 50cm, 넓이: 50cm²

가2. 둘레: 12cm, 넓이: 6cm²

나1. 2cm **나2.** 50cm² **다1.** 28cm

다2. 60cm **라1.** 675cm² **라2.** 420cm²

가1.

단계별 힌트

1단계	예제 풀이를 복습합니다.
2단계	색칠한 부분의 둘레를 반원을 기준으로 생각해 봅니다.
3단계	정사각형을 기준으로 왼쪽 위 꼭짓점에서 대각선을 그어 봅니다. 도형이 어떻게 잘립니까?

1. 둘레의 길이를 구해 봅니다.

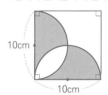

색칠한 부분의 둘레는 빨간색으로 표시한 길이와 파란색으로 표시한 길이의 합으로 볼 수 있습니다.

빨간색으로 표시한 길이는 지름이 10cm인 원의 둘레이므로 10×3＝30(cm)입니다.

파란색으로 표시한 길이는 길이가 10cm인 선분 2개이므로 20cm입니다.

따라서 전체 도형의 둘레는 30+20＝50(cm)입니다.

2. 넓이를 구해 봅니다.

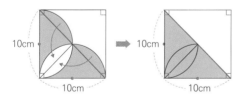

도형을 잘라 화살표 방향으로 옮겨 붙이면 오른쪽과 같은 모양이 됩니다.

따라서 도형의 넓이는 밑변과 높이가 10cm인 삼각형의 넓이입니다.

(도형의 넓이)＝10×10÷2＝50(cm²)

가2.

단계별 힌트

1단계	예제 풀이를 복습합니다.
2단계	색칠한 부분의 둘레를 반원을 기준으로 생각해 봅니다.

3단계	아래쪽 작은 반원을 잘라서 위로 붙여 봅니다.

1. 둘레의 길이를 구해 봅니다.

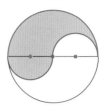

색칠한 부분의 둘레는 빨간색으로 표시한 길이와 파란색으로 표시한 길이의 합으로 볼 수 있습니다.

빨간색으로 표시한 길이는 지름이 2cm인 원의 둘레이므로 2×3＝6(cm)입니다.

파란색으로 표시한 길이는 지름이 4cm인 원의 둘레의 반이므로 4×3÷2＝6(cm)입니다.

따라서 전체 도형의 둘레는 6+6＝12(cm)입니다.

2. 넓이를 구해 봅니다.

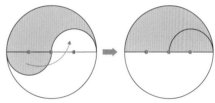

도형을 잘라 화살표 방향으로 옮겨 붙이면 오른쪽과 같은 모양이 됩니다.

따라서 도형의 넓이는 지름이 4cm인 반원의 넓이입니다.

(도형의 넓이)＝2×2×3÷2＝6(cm²)

나1.

단계별 힌트

1단계	겹치는 부분의 넓이를 ㉰라고 놓고, 등식의 성질을 이용합니다. ㉮＝㉯면 ㉮+㉰＝㉯+㉰입니다.
2단계	선분 ㄴㄷ의 길이를 □라고 놓고 식을 세워 봅니다.
3단계	사분원과 사다리꼴의 넓이를 구하는 공식을 떠올려 봅니다.

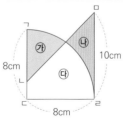

1. 겹치는 부분의 넓이를 ㉰라고 놓습니다. ㉮＝㉯이므로 ㉮+㉰＝㉯+㉰입니다. ㉮+㉰는 반지름이 8cm인 사분원의 넓이, ㉯+㉰는 사다리꼴 ㄴㄷㄹㅁ의 넓이입니다.

반지름이 8cm인 사분원의 넓이는 $8 \times 8 \times 3 \div 4 = 48(cm^2)$입니다. 사분원의 넓이와 사다리꼴의 넓이가 같으므로, 사다리꼴 ㄴㄷㄹㅁ의 넓이는 $48cm^2$입니다.

2. 선분 ㄴㄷ의 길이를 □라고 놓고 사다리꼴의 넓이를 구하는 식을 세워 봅니다.

(사다리꼴 ㄴㄷㄹㅁ의 넓이) $= (□+10) \times 8 \div 2 = 48$

→ $(□+10) \times 4 = 48$

→ $□+10 = 12$

→ $□ = 2(cm)$입니다.

나2.
단계별 힌트

1단계	겹치는 부분의 넓이는 같습니다. 간단하게 생각해 봅니다.
2단계	겹치는 부분의 넓이를 ㉲라고 놓고 식을 세워 봅니다.
3단계	별의 넓이가 오각형보다 $50cm^2$만큼 큽니다. 이 사실을 반영하여 식을 세워 봅니다.

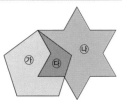

겹치는 부분의 넓이를 ㉲라고 놓습니다. ㉮+㉲는 오각형의 넓이, ㉯+㉲는 별의 넓이입니다. 별의 넓이가 오각형의 넓이보다 크고 둘의 차이는 $50cm^2$이므로 식을 세워 봅니다.

(별의 넓이) − (오각형의 넓이) $= (㉯+㉲) - (㉮+㉲) = 50(cm^2)$

㉯와 ㉮의 넓이의 차는 $(㉯-㉮)$와 같습니다.

$㉯-㉮ = (㉯+㉲) - (㉮+㉲) = 50(cm^2)$

다1.
단계별 힌트

1단계	끈을 곡선 부분과 직선 부분으로 나누어 봅니다.
2단계	곡선 4개를 합치면 무엇이 됩니까?
3단계	직선 부분과 원의 반지름은 어떤 관계가 있습니까?

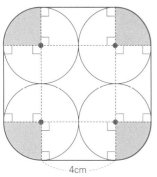

4cm

그림과 같이 4개의 원을 둘러싸는 끈의 둘레는 빨간색으로 표시한 길이와 파란색으로 표시한 길이의 합으로 볼 수 있습니다.

빨간색으로 표시한 길이를 알기 위해 회색으로 표시한 부분을 합쳐 봅니다. 그러면 지름이 4cm인 원의 둘레가 됩니다.

따라서 (빨간색으로 표시한 부분) $= 4 \times 3 = 12(cm)$입니다.

한편 파란색으로 표시한 길이가 몇인지 알아봅니다. 파란색 선분 하나는 원의 반지름을 2개 합친 길이입니다.

따라서 (파란색으로 표시한 부분) $= 4 \times 4 = 16(cm)$입니다.

따라서 끈의 길이는 $12+16 = 28(cm)$입니다.

다2.
단계별 힌트

1단계	끈을 곡선 부분과 직선 부분으로 나누어 봅니다.
2단계	곡선 3개를 합치면 무엇이 됩니까?
3단계	직선 부분과 원의 반지름은 어떤 관계가 있습니까?

그림과 같이 3개의 원을 둘러싸는 끈의 둘레는 빨간색으로 표시한 길이와 파란색으로 표시한 길이의 합으로 볼 수 있습니다.

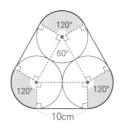

10cm

원들의 중심을 이어 삼각형을 만들어 봅니다. 그러면 중간에 정삼각형이 생깁니다. 이를 토대로 각을 표시해 나가면, 주황색으로 표시한 길이의 중심각은 120°임을 알 수 있습니다. 원의 중심각은 360°이므로, 주황색 3개를 합치면 지름이 10cm인 원이 됩니다.

따라서 (빨간색으로 표시한 길이) $= 10 \times 3 = 30(cm)$

한편 파란색으로 표시한 길이가 몇인지 알아봅니다. 파란색 선분 하나는 원의 반지름을 2개 합친 길이, 즉 지름입니다. 파란색 선분이 3개 있으므로 파란색으로 표시한 길이는 $10 \times 3 = 30(cm)$입니다.

따라서 끈의 길이는 $30+30 = 60(cm)$입니다.

라1.
단계별 힌트

1단계	예제 풀이를 복습합니다.
2단계	그림을 직사각형과 원의 부분으로 나누어 봅니다.
3단계	원 2개와 직사각형 1개의 넓이를 각각 구합니다.

원이 지나가면서 생긴 도형은 반원 2개와 직사각형 1개로 나눌 수 있습니다. 따라서 직사각형의 넓이와 원의 넓이를 구하여 더하면 됩니다.

원이 2바퀴 굴렀으므로, 직사각형의 가로는 원주의 2배입니다.

5cm

60cm

따라서 (직사각형의 가로)=(원주)×2=10×3×2=60(cm)
한편 직사각형의 세로는 원의 지름과 같으므로 10cm입니다.
따라서 (직사각형의 넓이)=60×10=600(cm²)
한편 원의 넓이는 5×5×3=75(cm²)입니다.
따라서 원이 지나간 자리의 총 넓이는 600+75=675(cm²)입니다.

라2.
단계별 힌트

1단계	예제 풀이를 복습합니다.
2단계	원을 굴린 모양을 그려 봅니다.
3단계	그림을 곡선과 직선으로 나누면 직사각형과 원이 보입니다.

원이 지나간 자리를 그려 보면 다음과 같습니다.

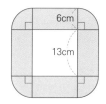

6cm

13cm

1. 원이 지나간 부분의 도형은 같은 크기의 사분원 4개와 직사각형 4개로 나눌 수 있습니다. 사분원 4개를 합하면 반지름이 6cm인 원 1개가 되고, 직사각형의 모양은 모두 같습니다. 따라서 원이 지나간 부분의 도형의 넓이는 원 1개의 넓이와 직사각형 4개의 넓이를 합하면 됩니다.
직사각형의 가로는 13cm, 세로는 6cm이므로 직사각형 4개의 넓이의 합은 13×6×4=312(cm²)입니다.
한편 원의 반지름은 6cm이므로 원의 넓이는 6×6×3=108(cm²)입니다.
따라서 원이 지나간 자리의 넓이는 312+108=420(cm²)입니다.

심화종합

①세트
• 52쪽~55쪽

1. $11\frac{4}{11}$g	2. 오전 9시	3. $54cm^2$	4. 33cm
5. 36cm	6. $810cm^2$	7. 72L	8. 70초

1
단계별 힌트

1단계	용수철이 늘어나는 길이와 매단 무게의 비가 일정할 때는 무엇을 이용해야 합니까?
2단계	$2\frac{6}{7}$g과 $\frac{4}{5}$cm를 이용해 비례식을 세워 봅니다.
3단계	비례식을 세우면 다음과 같습니다. $2\frac{6}{7}:\frac{4}{5}=\square:3\frac{2}{11}$

무게가 $2\frac{6}{7}$g인 물건을 매달았을 때 $\frac{4}{5}$cm 늘어나고, $\square$g인 물건을 매달 때 $3\frac{2}{11}$cm 늘어났습니다. 따라서 다음의 비례식을 세울 수 있습니다.

$$2\frac{6}{7}:\frac{4}{5}=\square:3\frac{2}{11}$$

내항의 곱은 외항의 곱과 같으므로

$$\square\times\frac{4}{5}=3\frac{2}{11}\times2\frac{6}{7}$$

$$\rightarrow \square\times\frac{4}{5}=\frac{35}{11}\times\frac{20}{7}=\frac{100}{11}$$

$$\rightarrow \square=\frac{100}{11}\div\frac{4}{5}=\frac{100}{11}\times\frac{5}{4}=\frac{125}{11}=11\frac{4}{11}(g)$$

2
단계별 힌트

1단계	1분 동안 가는 거리를 구해 봅니다.
2단계	1분 동안 가는 거리를 이용해 445.5km를 가는 데 걸리는 시간을 구해 봅니다.

KTX가 1분 동안 가는 거리는 148.5÷30=4.95(km)입니다.
KTX가 445.5km를 가는 데 걸리는 시간은 총 거리를 1분 동안 달리는 거리로 나누어 구할 수 있습니다.
445.5÷4.95=90(분)
90분은 1시간 30분입니다.
따라서 KTX가 부산역에 도착하는 시간은 오전 7시 30분에서 1시간 30분이 지난 오전 9시입니다.

3
단계별 힌트

1단계	겉넓이를 구하려면 입체도형을 여섯 방향에서 본 모양을 그려 봅니다.
2단계	입체도형을 이루는 쌓기나무의 수가 적어지면 겉넓이가 줄어들지 생각해 봅니다.

| 3단계 | 중요한 건 쌓기나무의 수가 아니라 입체도형을 둘러싼 면의 개수입니다. |

입체도형을 둘러싼 면의 개수를 구해 봅니다.
쌓은 모양을 위와 아래, 앞과 뒤, 오른쪽 옆과 왼쪽 면에서 본 모양은 모두 다음과 같습니다.

위와 아래, 앞과 뒤, 오른쪽 옆과 왼쪽 옆에서 보이는 쌓기나무 면의 수는 모두 $9 \times 6 = 54$(개) 입니다. 쌓기나무 한 모서리의 길이가 1cm이므로 쌓기나무 한 면의 넓이는 $1cm^2$입니다. 따라서 주어진 모양의 겉넓이는 $54cm^2$입니다.

4 _____ 단계별 힌트

1단계	큰 직사각형의 가로 길이는 작은 직사각형의 가로, 세로를 이용해 표현할 수 있습니다.
2단계	작은 직사각형의 (가로)+(세로)= 15(cm)입니다. 비례식과 비례배분을 활용해 봅니다.
3단계	(가로):(세로)=□:△라고 하면, (가로)=(가로와 세로의 합)$\times \dfrac{□}{□+△}$입니다.

이어 붙인 작은 직사각형의 짧은 변을 가로, 긴 변을 세로라 칭하고 문제를 풀어 봅니다.
큰 직사각형의 가로를 살펴봅니다. 윗변은 이어 붙인 작은 직사각형의 가로가 3개고, 아랫변은 이어 붙인 작은 직사각형의 세로가 2개입니다. 따라서 (가로)×3=(세로)×2이고, 이것을 비례식으로 표현하면 (가로):(세로)=2:3입니다.
직사각형의 가로변과 세로변의 합이 15cm입니다. 따라서 가로변의 길이는 $15 \times \dfrac{2}{2+3} = 15 \times \dfrac{2}{5} = 6$(cm)입니다. 세로변의 길이는 $15-6 = 9$(cm)입니다.
따라서 만든 큰 직사각형의 가로변의 길이는 $9 \times 2 = 18$(cm), 세로변의 길이는 $9+6 = 15$(cm)입니다.
큰 직사각형의 가로변과 세로변의 합은 $18+15 = 33$(cm)입니다.

5 _____ 단계별 힌트

1단계	그림 속 색칠한 부분은 모두 원의 일부입니다.
2단계	큰 원과 작은 원이 보입니다. 둘로 나누어 생각해 봅니다.
3단계	곡선 부분이 원의 몇 분의 몇인지 알아봅니다.

색칠한 부분을 파란색과 빨간색으로 나누어 봅니다.

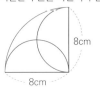

파란색은 반지름이 8cm인 사분원의 원주고 빨간색은 지름이 8cm인 원입니다.

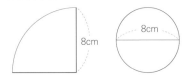

(색칠한 부분의 둘레) = (반지름이 8cm인 원의 원주)$\times \dfrac{1}{4}$+(지름이 8cm인 원의 원주) = $(8 \times 2 \times 3 \times \dfrac{1}{4})+(8 \times 3) = 12+24 = 36$(cm)

6 _____ 단계별 힌트

1단계	입체도형의 전개도를 그려 봅니다.
2단계	구멍이 뚫린 부분의 안쪽도 겉넓이로 계산해야 합니다.
3단계	옆면의 가로의 길이는 밑면인 원의 원주의 길이와 같습니다.

입체도형의 전개도를 그리면 다음과 같이 두 개의 전개도가 나옵니다. 하나는 겉면의 전개도, 다른 하나는 뚫린 속 부분의 전개도입니다.

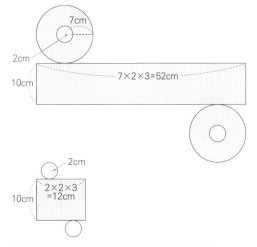

전개도를 보며, 밑면과 옆면을 따로 계산하여 더합니다.
1. 밑면 하나의 넓이는 반지름이 7cm인 원의 넓이에서 반지름이 2cm인 원의 넓이를 빼면 됩니다.
$(7 \times 7 \times 3)-(2 \times 2 \times 3) = 147-12 = 135$($cm^2$)
밑면이 2개이므로 모든 밑면의 넓이는 $135 \times 2 = 270$(cm^2)입니다.
2. 옆면의 넓이는 반지름이 7cm인 원기둥의 옆면의 넓이와 반지름이 2cm인 원기둥의 옆면의 넓이를 합하면 됩니다.

옆면의 가로의 길이는 밑면인 원의 원주 길이입니다.

$(7 \times 2 \times 3 \times 10) + (2 \times 2 \times 3 \times 10) = 420 + 120 = 540(cm^2)$

3. 겉넓이는 $270 + 540 = 810(cm^2)$입니다.

7 ──────────────────── 단계별 힌트

1단계	덜어 낸 물의 양은 진규, 영수 물통의 얼마만큼입니까?
2단계	두 물통에서 덜어 낸 물의 양이 같습니다. 이를 토대로 식을 세워 봅니다.
3단계	영수의 물통 들이는 진규의 물통 들이의 몇 배입니까?

덜어 낸 물의 양은 진규의 물통과 영수의 물통에서 얼마만큼인지 알아봅니다.

진규의 물통에서 덜어 낸 물의 양은 원래 들어 있던 물에서 남은 물의 양을 빼서 구합니다. $\frac{5}{6} - \frac{11}{24} = \frac{20}{24} - \frac{11}{24} = \frac{9}{24} = \frac{3}{8}$

영수의 물통에서 덜어 낸 물의 양은 원래 들어 있던 물에서 남은 물의 양을 빼서 구합니다. $\frac{5}{12} - \frac{7}{24} = \frac{10}{24} - \frac{7}{24} = \frac{3}{24} = \frac{1}{8}$

덜어 낸 물의 양은 서로 같으므로 다음의 식이 성립합니다.

(진규 물통의 들이) $\times \frac{3}{8} =$ (영수 물통의 들이) $\times \frac{1}{8}$

따라서 진규 물통의 들이는 영수 물통의 들이의 3배입니다. 즉 진규 물통의 들이를 □라 하면, 영수 물통의 들이는 (□×3)입니다.

처음 두 물통에 담긴 물의 양의 합이 50L이므로, 다음의 식을 세울 수 있습니다.

$\square \times \frac{5}{6} + (\square \times 3) \times \frac{5}{12} = 50$

$\rightarrow \square \times \frac{5}{6} + \square \times \frac{5}{4} = 50$

$\rightarrow \square \times \frac{10}{12} + \square \times \frac{15}{12} = 50$

$\rightarrow \square \times \frac{25}{12} = 50$

$\rightarrow \square = 50 \div \frac{25}{12} = 50 \times \frac{12}{25} = 24$

따라서 진규 물통의 들이는 24L고, 영수 물통의 들이는 $24 \times 3 = 72(L)$입니다.

8 ──────────────────── 단계별 힌트

1단계	1초 뛸 때마다 몇 m를 따라잡을 수 있습니까?
2단계	1초 동안 가까워지는 거리를 이용해 84m를 따라잡는 데 걸리는 시간을 구해 봅니다.

1초마다 승환이가 영수보다 $8.7 - 7.5 = 1.2(m)$씩 더 갑니다.

따라서 승환이가 영수를 따라잡기 위해서는 $84 \div 1.2 = 70(초)$를 뛰어야 합니다.

② 세트 ────────────── • 56쪽~59쪽

1. 6개	2. 900원	3. $96cm^2$	4. $228cm^2$
5. 6일	6. 200cm	7. 540개	8. $96m^2$

1 ──────────────────── 단계별 힌트

1단계	층별로 나누어 생각해 봅니다.
2단계	1층은 아래에서 보면 모든 면이 보이고, 4층도 위에서 보면 모든 면이 보입니다. 따라서 안 보이는 쌓기나무는 2층과 3층에 있습니다.
3단계	보이지 않는 부분이 몇 개인지 층별로 세면 쉽습니다.

층별로 나누어 생각합니다. 1층과 4층은 무조건 보이게 되어 있으며, 2층과 3층에 보이지 않는 쌓기나무가 있습니다.

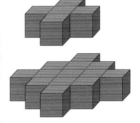

위와 아래, 앞과 뒤, 오른쪽 옆과 왼쪽 옆의 어느 방향에서도 보이지 않는 쌓기나무는 3층의 쌓기나무 1개, 2층의 쌓기나무 5개입니다.

따라서 위와 아래, 앞과 뒤, 오른쪽 옆과 왼쪽 옆 어느 방향에서도 보이지 않는 쌓기나무는 $1 + 5 = 6(개)$입니다.

2 ──────────────────── 단계별 힌트

1단계	구입한 오렌지와 레몬의 개수를 비례배분을 이용해서 구해 봅니다.
2단계	오렌지 1개의 가격을 3×□라고 하고 식을 세워 봅니다.

각각 몇 개를 샀는지 비례배분을 이용해 구합니다.

(오렌지의 개수) $= 25 \times \frac{2}{2+3} = 25 \times \frac{2}{5} = 10(개)$

(레몬의 개수) $= 25 - 10 = 15(개)$

한편 (오렌지의 가격):(레몬의 가격) = 3:5이므로 오렌지 1개의 가격을 (3×□)원, 레몬 1개의 가격을 (5×□)원이라 놓아 봅니다. 그러면 오렌지와 레몬을 사고 31500원을 냈으므로 이를 식으로 만들 수 있습니다.

$(3 \times \square) \times 10 + (5 \times \square) \times 15 = 31500$

$\rightarrow 30 \times \square + 75 \times \square = 31500$

$\rightarrow 105 \times \square = 31500$

$\rightarrow \square = 31500 \div 105 = 300$

따라서 오렌지 1개의 가격은 $3 \times 300 = 900$(원)입니다.

3
단계별 힌트

1단계	색칠한 부분의 넓이를 직접 계산하려 하면 잘되지 않습니다.
2단계	색칠한 부분의 넓이는 어떤 넓이에서 어떤 넓이를 뺀 것입니까?
3단계	넓이를 구할 때 직각삼각형을 고려해야 합니다.

주어진 도형을 넓이를 구할 수 있는 부분으로 나누어 봅니다.

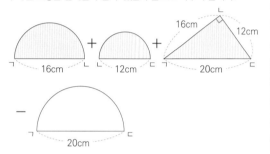

색칠한 부분의 넓이는 지름이 16cm인 원의 반, 지름이 12cm인 원의 반, 직각삼각형을 더한 넓이에서 지름이 20cm인 원의 반을 뺀 것입니다.
(색칠한 부분의 넓이)
$= (8 \times 8 \times 3 \times \frac{1}{2}) + (6 \times 6 \times 3 \times \frac{1}{2}) + (16 \times 12 \div 2) - (10 \times 10 \times 3 \times \frac{1}{2})$
$= 96 + 54 + 96 - 150$
$= 96$(cm^2)

4
단계별 힌트

1단계	전개도를 그리고 각 부분이 몇 cm인지 적어 넣어 봅니다.
2단계	입체도형의 밑면의 넓이는 (원의 넓이)$\times \frac{3}{4}$입니다.
3단계	밑면의 둘레는 (원의 둘레)$\times \frac{3}{4}$+(반지름)$\times 2$입니다.

입체도형의 전개도를 그린 후 밑면의 모양과 옆면의 크기를 생각해 봅니다.

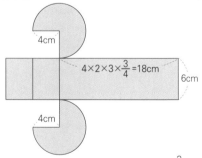

1. 밑면의 모양은 각각 반지름이 4cm인 원의 $\frac{3}{4}$입니다.

(밑면의 넓이) $= 4 \times 4 \times 3 \times \frac{3}{4} = 36$(cm^2)
밑면은 2개이므로 밑면의 총 넓이는 $36 \times 2 = 72$(cm^2)입니다.
2. 옆면의 경우 직사각형으로, 잘린 부분에서 생긴 2개의 직사각형과 원의 $\frac{3}{4}$에 해당하는 직사각형이 합쳐진 형태입니다. 따라서 옆면의 가로 길이는 (밑면의 반지름)+(밑면의 반지름)+(반지름이 4cm인 원의 $\frac{3}{4}$에 해당하는 원주의 길이)입니다.
반지름이 4cm인 원의 $\frac{3}{4}$에 해당하는 원주의 길이는
$4 \times 2 \times 3 \times \frac{3}{4} = 18$(cm)입니다.
따라서 옆면의 가로 길이는 $4+4+18 = 26$(cm)입니다.
입체도형의 높이는 6cm이므로 옆면의 넓이는
$26 \times 6 = 156$(cm^2)입니다.
3. 총 겉넓이는 밑면의 넓이와 옆면의 넓이를 합해서 구합니다.
(겉넓이) $= 72 + 156 = 228$(cm^2)

5
단계별 힌트

1단계	전체 일의 양을 1로 놓고 풀어 봅니다.
2단계	두 사람이 하루에 할 수 있는 일의 양은 각각 얼마입니까?

전체 일의 양을 1로 생각하면 두 사람이 각각 하루 동안 할 수 있는 일의 양은 다음과 같습니다.
(미란이가 하루 동안 하는 일) $= \frac{6}{11} \div 12 = \frac{6}{11} \times \frac{1}{12} = \frac{1}{22}$
(수진이가 하루 동안 하는 일) $= \frac{5}{6} \div 10 = \frac{5}{6} \times \frac{1}{10} = \frac{1}{12}$
미란이가 11일 동안 한 일의 양은 $\frac{1}{22} \times 11 = \frac{1}{2}$이므로,
수진이가 해야 할 일의 양은 전체의 $1 - \frac{1}{2} = \frac{1}{2}$입니다.
따라서 수진이는 $\frac{1}{2} \div \frac{1}{12} = \frac{1}{2} \times 12 = 6$(일) 동안 일해야 합니다.

6
단계별 힌트

1단계	처음 떨어뜨린 높이를 □라고 하고 식을 세워 봅니다.
2단계	첫 번째 튀어 오른 높이는 ㉠$=$□$\times 0.5$, ㉡$=$□$\times 0.4$입니다. 두 번째 튀어 오른 높이는 공이 어디서 떨어졌다고 봐야 합니까?
3단계	㉠이 두 번째 튀어 오른 높이는 첫 번째 튀어 오른 높이의 50%입니다. 이를 식으로 써 봅니다.

1. 공을 떨어뜨린 높이를 □cm라고 하면 첫 번째로 튀어 오른 높이는 ㉠$=$□$\times 0.5$, ㉡$=$□$\times 0.4$입니다.
2. ㉠이 두 번째 튀어 오른 높이는 첫 번째 튀어 오른 높이의 50%입니다. 왜냐하면 □$\times 0.5$ 위치에서 떨어뜨린 것이라 할 수 있기 때문입니다. 따라서 ㉠이 두 번째 튀어 오른 높이는 □$\times 0.5 \times 0.5 =$□$\times 0.25$(cm)입니다.
㉡이 두 번째 튀어 오른 높이는 첫 번째 튀어 오른 높이의 40%입니다. 왜냐하면 □$\times 0.4$ 위치에서 떨어뜨린 것이라 할 수 있기 때문입니다. 따라서 ㉡이 두 번째 튀어 오른 높이는 □$\times 0.4 \times 0.4 =$□

×0.16(cm)입니다.

3. 두 번째에 튀어 오른 높이의 차가 18cm이므로 식으로 쓰면 다음과 같습니다.

□×0.25−□×0.16=18

→ □×0.09=18

→ □=18÷0.09=200

따라서 처음 공을 떨어뜨린 높이는 200cm입니다.

7

단계별 힌트

1단계	비례식과 비례배분 개념을 복습합니다.
2단계	전체 공의 수를 □라 하고 비례배분을 이용해 가와 나 상자에 들어 있는 공의 개수를 나타내 봅니다.
3단계	비례배분을 이용해 가와 나 상자에 들어 있는 빨간 공의 개수를 각각 나타내 봅니다.

가와 나 상자에 들어 있는 전체 공의 수를 □개라고 두고 비례배분을 해 봅니다.

(가 상자의 공의 수)=□×$\frac{4}{4+5}$=□×$\frac{4}{9}$

(나 상자의 공의 수)=□×$\frac{5}{4+5}$=□×$\frac{5}{9}$

(가 상자의 빨간 공의 수)

=(□×$\frac{4}{9}$)×$\frac{3}{3+5}$=□×$\frac{4}{9}$×$\frac{3}{8}$=□×$\frac{1}{6}$

(나 상자의 빨간 공의 수)

=(□×$\frac{5}{9}$)×$\frac{1}{1+4}$=□×$\frac{5}{9}$×$\frac{1}{5}$=□×$\frac{1}{9}$

(전체 빨간 공의 수)

=□×$\frac{1}{6}$+□×$\frac{1}{9}$=□×$\frac{3}{18}$+□×$\frac{2}{18}$=□×$\frac{5}{18}$=150

→ □=150÷$\frac{5}{18}$=150×$\frac{18}{5}$=540

따라서 가와 나에 들어 있는 공은 모두 540개입니다.

8

단계별 힌트

1단계	진돗개가 움직이면 어떤 도형이 생깁니까?
2단계	진돗개의 끈을 묶어 놓은 곳을 원의 중심으로 놓고, 진돗개가 갈 수 있는 부분을 원으로 그려 봅니다.
3단계	상상이 잘되지 않으면 직접 그려 봅니다.

진돗개가 움직일 수 있는 부분을 그려 보면 다음과 같습니다.

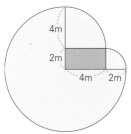

반지름이 6m인 원의 $\frac{3}{4}$, 반지름이 2m인 원의 $\frac{1}{4}$, 반지름이 4m인 원의 $\frac{1}{4}$만큼 움직일 수 있습니다. 따라서 진돗개가 움직일 수 있는 부분의 넓이를 식으로 세우면 다음과 같습니다.

(6×6×3)×$\frac{3}{4}$+(2×2×3)×$\frac{1}{4}$+(4×4×3)×$\frac{1}{4}$

=81+3+12=96(m²)

③세트

• 60쪽~63쪽

1. 273cm²	2. 24개	3. 9시간	4. 360cm²
5. 4:3	6. 5m	7. 300cm²	8. 7$\frac{1}{5}$

1

단계별 힌트

1단계	입체도형을 가로로 잘라 봅니다. 직육면체 부분과 둥그런 부분으로 나눕니다.
2단계	둥그런 부분의 크기를 봅니다. 원기둥의 $\frac{1}{2}$임을 알 수 있습니다.
3단계	겉으로 드러난 부분의 넓이를 색칠해 봅니다.

입체도형을 곡선이 시작하는 부분을 기준으로 가로로 잘라 봅니다. 그러면 가로 6cm, 세로 10cm, 높이 3cm의 직육면체 하나와, 위쪽의 둥근 입체도형으로 나뉜다는 것을 알 수 있습니다. 그런데 둥근 입체도형의 밑면을 보면 가로가 6cm고, 중심에서 위로 곧게 뻗은 길이가 3cm이므로 밑면의 반지름이 3cm인 반원입니다. 따라서 둥근 입체도형은 밑면의 반지름이 3cm인 원기둥의 절반입니다. 따라서 이 입체도형의 겉넓이는 직육면체에서 넓은 한 면을 제외한 다섯 개의 면, 반원 2개의 넓이, 원기둥의 옆면의 절반을 더해서 구합니다.

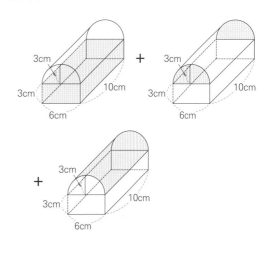

1. 직육면체의 다섯 면의 넓이는 $(6 \times 3 + 10 \times 3) \times 2 + (6 \times 10)$
$= (18 + 30) \times 2 + 60 = 96 + 60 = 156(cm^2)$

2. 반원 2개의 넓이는 $3 \times 3 \times 3 \times \frac{1}{2} \times 2 = 27(cm^2)$

3. 원기둥의 옆면의 절반은 $3 \times 2 \times 3 \times 10 \times \frac{1}{2} = 90(cm^2)$

4. 따라서 겉넓이는 $156 + 27 + 90 = 273(cm^2)$입니다.

2
단계별 힌트

1단계	전체 구슬의 수를 □개라 하고 흰 구슬과 검은 구슬의 수를 식으로 나타내 봅니다.
2단계	전체 구슬의 수는 흰 구슬의 수와 검은 구슬의 수를 합한 수입니다.

흰 구슬의 수는 $\square \times \frac{3}{8} + 4$(개), 검은 구슬의 수는 $\square \times \frac{1}{8} + 8$(개)입니다.

흰 구슬과 검은 구슬의 수를 합하면 전체 구슬의 수가 나오므로 다음의 식이 성립합니다.

$\square \times \frac{3}{8} + 4 + \square \times \frac{1}{8} + 8 = \square$

$\rightarrow \square \times \frac{3}{8} + \square \times \frac{1}{8} + 12 = \square$

$\rightarrow \square \times \frac{4}{8} + 12 = \square$

$\rightarrow \square \times \frac{1}{2} + 12 = \square \times \frac{1}{2} + \square \times \frac{1}{2}$

$\rightarrow 12 = \square \times \frac{1}{2}$

$\rightarrow \square = 12 \div \frac{1}{2} = 12 \times 2 = 24$

주머니에 들어 있는 구슬은 모두 24개입니다.

3
단계별 힌트

1단계	배는 강물이 흐르는 방향과 같은 방향으로 가고 있습니다.
2단계	배가 강물이 흐르는 방향으로 가면, 배의 속력에 강물의 속도를 어떻게 반영해야 합니까?
3단계	강물이 1시간 동안 흐르는 속력을 구해 봅니다.

배가 강물이 흐르는 방향과 같은 방향으로 가는 경우 흐르지 않는 물에서 배가 가는 거리에 강물이 흐르는 거리를 더해서 구합니다. 1시간 30분은 1.5시간이고, 1.5시간 동안 22.5km를 흐르므로 강물이 1시간 동안 흐르는 속력은 $22.5 \div 1.5 = 15(km)$입니다.

따라서 배가 강물이 흐르는 방향으로 1시간 동안 흐르는 속력은 $20.5 + 15 = 35.5(km)$입니다.

따라서 이 배가 강물이 흐르는 방향으로 319.5(km)를 가는 데 $319.5 \div 35.5 = 9$(시간)이 걸립니다.

4
단계별 힌트

1단계	쌓기나무를 전부 떼어 놓으면 전체 면의 개수는 몇 개입니까?
2단계	색칠되지 않은 면의 개수는 전체 면의 개수에서 색칠된 면의 개수를 빼서 구합니다. 색칠된 면이 몇 개입니까?

색칠된 쌓기나무의 면의 수는 $(3 \times 2 \times 4) + (2 \times 2 \times 2) = 24 + 8 = 32$(개)입니다. 색칠된 면의 넓이의 합이 288cm²이므로, 쌓기나무의 한 면의 넓이는 $288 \div 32 = 9(cm^2)$입니다.

쌓기나무 12개의 면은 모두 $12 \times 6 = 72$(개)이므로 색칠되지 않은 면은 $72 - 32 = 40$(개)입니다.

따라서 색칠되지 않은 면의 넓이의 합은 $9 \times 40 = 360(cm^2)$입니다.

5
단계별 힌트

1단계	맞물려 돌아가는 톱니바퀴는 (회전수)×(톱니수)의 값이 서로 같습니다.

회전수와 톱니수의 곱이 일정함을 이용합니다.

가 톱니바퀴가 ㉠번 회전할 때 맞물리는 톱니수는 (㉠×24)(개), 나 톱니바퀴가 ㉡번 회전할 때 맞물리는 톱니수는 (㉡×32)(개)입니다.

두 톱니바퀴가 회전할 때 맞물리는 톱니수는 같으므로 ㉠×24=㉡×32라는 식을 세울 수 있습니다. 이를 비례식으로 풀면 ㉠:㉡=32:24=4:3입니다.

따라서 톱니바퀴 가와 나의 회전수의 비는 4:3입니다.

6
단계별 힌트

1단계	산책로의 원 모양 곡선 도로의 안쪽과 바깥쪽의 차가 30m입니다. 그런데 산책로의 직선 도로는 안쪽과 바깥쪽의 길이가 같습니다.
2단계	원 모양 곡선 도로의 경우, 왼쪽과 오른쪽을 합치면 하나의 원이 됩니다. 따라서 곡선 부분의 길이는 원의 원주입니다.
3단계	산책로의 폭을 □m라고 하면, 산책로 바깥쪽의 둘레의 곡선 부분은 지름이 $(60 + 2 \times \square)$인 원주입니다.

1. 산책로 안쪽의 둘레는 지름이 60m인 원의 원주와 직선 도로의 길이입니다. 따라서 $60 \times 3 + 100 \times 2 = 180 + 200(m)$

2. 산책로의 폭을 □m라고 하면, 산책로 바깥쪽의 둘레는 지름이 $(60 + 2 \times \square)$인 원주와 직선 도로의 길이입니다. 따라서 $(60 + 2 \times \square) \times 3 + 100 \times 2 = (60 + 2 \times \square) \times 3 + 200(m)$

3. 직선도로의 길이는 200m로 동일하므로, 원 모양의 곡선 부분의 길이의 차가 30m입니다. 따라서 다음의 식이 성립합니다.

$(60 + 2 \times \square) \times 3 - 180 = 30$

$\rightarrow (60 + 2 \times \square) \times 3 = 210$

$\rightarrow 60 + 2 \times \square = 70$

$\rightarrow 2 \times \square = 10$

→ □=5입니다. 산책로의 폭은 5m입니다.

7
단계별 힌트

1단계	원뿔을 바닥에 놓고 돌리면 원뿔을 따라 원이 만들어집니다. 그 원의 반지름은 몇입니까?
2단계	원뿔을 바닥에 놓고 돌리면 원뿔의 모선 길이가 반지름인 원이 만들어집니다.

원뿔을 굴렸을 때 물감이 묻은 부분은 반지름이 10cm인 원 모양이 됩니다. 따라서 넓이는 10×10×3=300(cm²)입니다.

8
단계별 힌트

1단계	구하는 분수를 $\frac{ⓛ}{㉠}$이라고 놓고 식을 만들어 봅니다.
2단계	$\frac{△}{□}$로 나눈다는 건 $\frac{□}{△}$를 곱한다는 말과 같습니다. $\frac{9}{20}$와 $\frac{4}{15}$로 나누는 식을 곱셈식으로 만들어 봅니다.
3단계	계산 결과가 자연수가 되려면 분모는 15와 20의 최대공약수, 분자는 9와 4의 최소공배수가 되어야 합니다.

구하는 분수를 $\frac{ⓛ}{㉠}$이라고 하면
$\frac{ⓛ}{㉠}÷\frac{9}{20}=\frac{ⓛ}{㉠}×\frac{20}{9}$, $\frac{ⓛ}{㉠}÷\frac{4}{15}=\frac{ⓛ}{㉠}×\frac{15}{4}$의 계산 결과가 항상 자연수가 되고 $\frac{ⓛ}{㉠}$은 가장 작은 분수여야 합니다. 따라서 ㉠은 15와 20의 최대공약수, ⓛ은 9와 4의 최소공배수가 되어야 합니다. 15와 20의 최대공약수는 5, 9와 4의 최소공배수는 36입니다.
따라서 ㉠=5, ⓛ=36이므로 $\frac{ⓛ}{㉠}=\frac{36}{5}=7\frac{1}{5}$입니다.

④세트
•64쪽~67쪽

1. 5분 30초	2. 160개	3. 14000원
4. 850cm	5. 5:4	6. 6.5km
7. 5.4	8. ㉠=72, ⓛ=42	

1
단계별 힌트

1단계	각 수도꼭지에서 1분 동안 나오는 물의 양은 어떻게 계산합니까?
2단계	두 수도꼭지에서 1분 동안 나오는 물의 양의 합을 구해 봅니다.

3분 30초는 3.5분이므로 빨간색 수도꼭지에서 1분 동안 나오는 물의 양은 199.5÷3.5=57(L)입니다. 2분 30초는 2.5분이므로 파란색 수도꼭지에서 1분 동안 나오는 물의 양은 110.5÷2.5=44.2(L)입니다. 그러므로 빨간색 수도와 파란색 수도를 동시에 틀어서 1분 동안 받을 수 있는 물의 양은 57+44.2=101.2 (L)입니다.
따라서 빨간색 수도와 파란색 수도를 동시에 틀어서 556.6L의 물을 받으려면 556.6÷101.2=5.5(분)이 걸립니다.
5.5분은 5분 30초입니다.

2
단계별 힌트

1단계	한 모서리에 있는 쌓기나무의 개수는 어떻게 구합니까?
2단계	6×6×6=216입니다.
3단계	각 층별로 쌓기나무가 몇 개씩 있는지 생각하면 쉽습니다.

한 모서리에 들어가는 쌓기나무가 몇 개씩인지 알아봅니다. 6×6×6=216이므로 한 모서리에 쌓은 쌓기나무는 6개입니다.

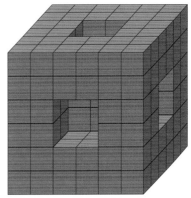

위에서 봤을 때, 1층, 2층, 5층, 6층의 모양은 ㉠과 같고, 3층, 4층의 모양은 ⓛ과 같습니다.

㉠
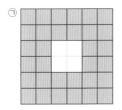

ⓛ
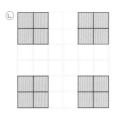

따라서 쌓기나무는 $(6 \times 6 - 4) \times 4 + 4 \times 4 \times 2 = 128 + 32 = 160$(개)가 남습니다.

3

1단계	현지와 지호가 가지고 있던 돈의 비는 3:4입니다. 이를 토대로 □를 이용해 현지와 지호의 돈을 표현해 봅니다.
2단계	현지가 가지고 있는 돈을 $3 \times □$라고 놓으면 지호가 가진 돈은 □를 이용해 어떻게 만들 수 있습니까?
3단계	현지와 지호가 각각 낸 금액을 △원이라 놓고 식을 세워 봅니다.

1. 현지와 지호가 원래 가졌던 돈부터 알아봅니다.

현지와 지호가 가지고 있던 돈의 비는 3:4입니다. 따라서 현지가 가지고 있는 돈을 $3 \times □$라 놓으면, 지호가 가지고 있는 돈은 $4 \times □$입니다.

지호가 현지보다 3000원이 더 많으므로 다음의 식이 성립합니다.

$4 \times □ - 3 \times □ = 3000$

$\rightarrow □ = 3000$(원)

따라서 현지가 가지고 있던 돈은 $3 \times □ = 9000$(원), 지호가 가지고 있던 돈은 $4 \times □ = 12000$(원)입니다.

2. 현지와 지호가 각각 낸 금액을 △원이라 놓고 식을 세워 봅니다.

(현지에게 남은 돈) $= 9000 - △$

(지호에게 남은 돈) $= 12000 - △$

남은 돈의 비는 2:5이므로

$(9000 - △):(12000 - △) = 2:5$

$\rightarrow \dfrac{9000 - △}{12000 - △} = \dfrac{2}{5}$

둘이 똑같은 돈을 냈으므로 남은 돈의 액수도 여전히 3000원 차이가 납니다. 따라서 $\dfrac{9000 - △}{12000 - △}$의 분모와 분자의 차가 3000입니다.

$\dfrac{2}{5} = \dfrac{2000}{5000}$으로 고치면 분모와 분자의 차가 3000이 됩니다.

$\dfrac{9000 - △}{12000 - △} = \dfrac{2000}{5000}$에서 $9000 - △ = 2000$이므로 $△ = 7000$(원)입니다.

따라서 현지와 지호가 산 선물의 값은

$△ \times 2 = 7000 \times 2 = 14000$(원)입니다.

4

1단계	지름이 모두 똑같다면 반지름이 모두 똑같습니다. 원의 중심끼리 연결하면 정삼각형이 만들어집니다.
2단계	묶인 끈의 곡선 부분과 직선 부분의 경계를 원의 중심과 연결해 봅니다.
3단계	곡선 부분의 각도를 구해 봅니다.

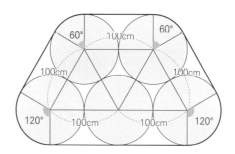

5개의 원의 중심을 서로 연결하면 정삼각형 3개가 만들어집니다. 정삼각형은 내각의 크기가 60°이므로, 곡선 부분에 해당하는 각도를 구할 수 있습니다.

곡선 부분에 해당하는 각도들의 합은 60°+60°+120°+120° =360°이므로 곡선 부분의 길이를 더하면 지름이 100cm인 원의 원주와 같습니다.

한편 직선 부분은 100cm 부분이 5개가 나옵니다.

(사용한 끈의 길이)

= (곡선 부분의 길이) + (직선 부분의 길이) + (매듭의 길이)

= $(100 \times 3) + (100 \times 5) + 50$

= $300 + 500 + 50 = 850$(cm)

5

1단계	정사각형 한 변의 길이를 □라고 놓고 식을 세워 봅니다.
2단계	전개도의 둘레의 길이를 □를 사용하여 식을 세울 때, 가와 나의 직선 부분의 길이는 같습니다.
3단계	옆면의 가로와 원 모양인 밑면의 둘레는 길이가 같습니다.

정사각형의 한 변의 길이를 □cm라 하면 가의 옆면의 가로는 ($□ \times 2$)cm, 가의 옆면의 세로는 □cm입니다. 나의 옆면의 가로는 □cm, 옆면의 세로는 ($□ \times 2$)cm입니다.

전개도에서 옆면의 가로와 원 모양인 밑면의 둘레는 길이가 같습니다. 따라서 두 전개도의 둘레를 구하는 식은 다음과 같습니다.

(밑면의 둘레) $\times 2 +$ (옆면의 가로) $\times 2 +$ (옆면의 세로) $\times 2$

= (옆면의 가로) $\times 4 +$ (옆면의 세로) $\times 2$

(가의 둘레) $= □ \times 2 \times 4 + □ \times 2 = □ \times 8 + □ \times 2 = □ \times 10$

(나의 둘레) $= □ \times 4 + □ \times 2 \times 2 = □ \times 4 + □ \times 4 = □ \times 8$

따라서 (가의 둘레):(나의 둘레) $= □ \times 10:□ \times 8 = 10:8 = 5:4$

6

1단계	기차가 터널을 완전히 통과하기 위해 달려야 하는 거리는 (기차 길이) + (터널 길이)입니다.
2단계	기차가 1초 동안 달리는 거리를 계산하면 기차가 100초 동안 달리는 거리를 계산할 수 있습니다.

기차의 앞부분이 터널에 들어가 기차의 끝부분까지 나와야 터널을 완전히 통과한 것이므로 기차가 $9\frac{4}{5}$초 동안 달린 거리는 (기차 길이)+(터널 길이)$=36\frac{3}{8}+600\frac{5}{8}=637$(m)입니다.

기차가 1초 동안 달린 거리는 거리를 시간으로 나누어 구합니다.

$637÷9\frac{4}{5}=637÷\frac{49}{5}=637×\frac{5}{49}=65$(m)

따라서 100초 동안 달릴 수 있는 거리는

$65×100=6500$(m)$=6.5$(km)입니다.

7

단계별 힌트

1단계	ⓒ+ⓒ=9임을 이용하면 ㉠의 값을 구할 수 있습니다.
2단계	㉠의 값을 이용해 ⓒ÷ⓒ의 값을 구할 수 있습니다.

㉠×(ⓒ+ⓒ)=5.4이므로 ㉠×9=5.4입니다.

㉠=5.4÷9=0.6입니다.

ⓒ÷ⓒ÷㉠=2.50이므로 ⓒ÷ⓒ÷0.6=2.5입니다.

ⓒ÷ⓒ=2.5×0.6=1.5입니다. 따라서 ⓒ=1.5×ⓒ입니다.

ⓒ+ⓒ=9입니다. 여기에 ⓒ=1.5×ⓒ라는 사실을 이용합니다.

ⓒ+1.5×ⓒ=9

→ 2.5×ⓒ=9

→ ⓒ=9÷2.5=3.6

ⓒ+ⓒ=9이므로 3.6+ⓒ=9이므로 ⓒ=9-3.6=5.4입니다.

8

단계별 힌트

1단계	두 수 ㉠과 ⓒ의 비를 알아봅니다.
2단계	평균을 이용해 두 수의 합을 구할 수 있습니다.
3단계	비례배분을 이용해서 ㉠과 ⓒ의 값을 구해 봅니다.

㉠×$\frac{1}{3}$=ⓒ×$\frac{4}{7}$이므로 ㉠:ⓒ=$\frac{4}{7}$:$\frac{1}{3}$=12:7입니다.

㉠과 ⓒ의 평균이 57이므로 ㉠+ⓒ=57×2=114입니다.

이를 비율에 따라 비례배분합니다.

㉠$=114×\frac{12}{12+7}=114×\frac{12}{19}=6×12=72$

㉠의 값을 알았으므로 ⓒ은 간단히 총합에서 ㉠을 빼서 구합니다.

ⓒ=114-72=42

⑤ 세트

• 68쪽~71쪽

1. 324km   2. 2   3. 343개

4. ㉠=50cm, ⓒ=125cm   5. 3번

6. $\frac{24}{25}$ 7. 오후 6시 5분   8. 48cm²

1

단계별 힌트

1단계	서울과 나주 사이의 거리를 □라고 놓고 식을 세워 봅니다.
2단계	각 열차가 1시간에 가는 거리를 □로 나타내 봅니다.
3단계	1시간 10분을 분수로 나타냅니다.

KTX가 서울에서 나주까지 가는 데는 3시간 걸리므로, SRT가 서울에서 나주까지 가는 데는 $3×\frac{4}{5}=\frac{12}{5}$(시간) 걸립니다. 서울과 나주 사이의 거리를 □km라고 하고 1시간 동안 가는 거리를 식으로 세워 봅니다. KTX는 $\frac{□}{3}$km, SRT는 $□÷\frac{5}{12}=\frac{□×5}{12}$(km)입니다.

1시간 10분은 $1\frac{1}{6}$시간이므로, 두 열차가 1시간 10분 동안 달린 거리를 식으로 세워 봅니다.

$(\frac{□}{3}+\frac{□×5}{12})×1\frac{1}{6}=(\frac{□×4}{12}+\frac{□×5}{12})×1\frac{1}{6}=\frac{□×9}{12}×\frac{7}{6}$

$=□×\frac{7}{8}$

1시간 10분 동안 달린 거리에 두 열차 사이의 거리인 $40\frac{1}{2}$km를 더하면 서울과 나주 사이의 거리가 나오므로, 다음과 같이 식을 세울 수 있습니다.

$□×\frac{7}{8}+40\frac{1}{2}=□$

$→ □×\frac{7}{8}+\frac{81}{2}=□×\frac{7}{8}+□×\frac{1}{8}$

$→ □×\frac{1}{8}=\frac{81}{2}$

$→ □=\frac{81}{2}÷\frac{1}{8}=\frac{81}{2}×8=324$

서울과 나주 사이의 거리는 324km입니다.

2

단계별 힌트

1단계	약속셈이란 새로운 약속에 맞게 주어진 문제를 푸는 것입니다.
2단계	㉠ 대신에 □를, ⓒ 대신에 1.2를 넣어 식을 써 봅니다.

㉠ 대신에 □를, ⓒ 대신에 1.2를 넣어 식을 다시 써 봅니다.

□×1.2+1.2÷0.5=4.8

→ □×1.2+2.4=4.8

→ □×1.2=2.4

→ □=2.4÷1.2=2

3

단계별 힌트

1단계	정육면체 모양의 쌓기나무를 직접 그려 보고 두 면만 칠해진 곳을 찾아봅니다.
2단계	한 모서리의 쌓기나무 개수와 두 면만 칠해진 쌓기나무 개수의 관계를 구해 봅니다.

한 모서리의 쌓기나무 개수와 두 면만 칠해진 쌓기나무 개수의 관계를 알아봅니다.

➡ $(3-2) \times 12$

 ➡ $(4-2) \times 12$

 ➡ $(5-2) \times 12$

한 모서리에 있는 쌓기나무가 3개일 때 두 면만 칠해진 쌓기나무는 한 모서리마다 $(3-2)$개 있고, 모서리는 12개이므로 두 면만 칠해진 쌓기나무는 $(3-2) \times 12 = 12$(개)입니다.

한 모서리에 있는 쌓기나무가 4개일 때 두 면만 칠해진 쌓기나무는 한 모서리마다 $(4-2)$개 있고, 모서리는 12개이므로 두 면만 칠해진 쌓기나무는 $(4-2) \times 12 = 24$(개)입니다.

한 모서리에 있는 쌓기나무가 5개일 때 두 면만 칠해진 쌓기나무는 한 모서리마다 $(5-2)$개 있고, 모서리는 12개이므로 두 면만 칠해진 쌓기나무는 $(5-2) \times 12 = 36$(개)입니다.

즉, 한 모서리에 있는 쌓기나무의 개수를 □개라 하면 두 면만 칠해진 쌓기나무는 한 모서리마다 $(□-2)$개 있으므로 두 면만 칠해진 쌓기나무는 $(□-2) \times 12$개입니다. 따라서 색이 두 면만 칠해진 쌓기나무가 60개가 되는 모서리의 길이를 구해 봅니다.

$(□-2) \times 12 = 60$

→ $□ = 7$

한 모서리에 있는 쌓기나무의 개수가 7개이므로 쌓기나무 $7 \times 7 \times 7 = 343$(개)로 정육면체를 쌓아야 합니다.

4

1단계	㉠실과 ㉡실의 길이의 비가 3:5이므로 ㉠실과 ㉡실의 길이를 각각 $3 \times □$, $5 \times □$라고 놓고 식을 세워 봅니다.
2단계	자른 후의 ㉠실과 ㉡실의 길이를 식으로 세울 수 있습니다.
3단계	비례식을 세우고, 내항과 외항을 곱해 봅니다.

㉠실과 ㉡실의 길이를 각각 $(3 \times □)$cm, $(5 \times □)$cm라고 하면 자른 후의 길이는

㉠ = $(3 \times □ - 100)$cm, ㉡ = $(5 \times □) \times (1 - \frac{1}{2}) = □ \times \frac{5}{2}$(cm)입니다.

자른 후의 길이의 비가 2:5이므로 다음이 성립합니다.

$(3 \times □ - 100) : □ \times \frac{5}{2} = 2 : 5$

내항과 외항을 곱하면 $(3 \times □ - 100) \times 5 = □ \times \frac{5}{2} \times 2$

→ $15 \times □ - 500 = □ \times 5$

→ $5 \times □ + 10 \times □ - 500 = 5 \times □$

→ $10 \times □ - 500 = 0$

→ $10 \times □ = 500$

→ $□ = 50$

□를 이용해 자른 후의 실의 길이를 구합니다.

㉠실은 $3 \times □ - 100 = 3 \times 50 - 100 = 50$(cm)입니다.

㉡실은 $□ \times \frac{5}{2} = 50 \times \frac{5}{2} = 125$(cm)입니다.

5

1단계	작은 바퀴와 큰 바퀴는 같은 벨트에 연결되어 있으므로 마치 톱니바퀴처럼 함께 움직입니다.
2단계	작은 바퀴와 큰 바퀴의 원주의 비와 회전수의 비는 어떻게 구합니까?
3단계	회전수의 합이 40번이 되려면 두 바퀴가 각각 몇 번씩 회전하면 됩니까?

작은 바퀴와 큰 바퀴의 반지름의 비가 $12:20 = 3:5$이므로 원주의 비는 3:5, 회전수의 비는 5:3입니다.

작은 바퀴의 회전수를 $(5 \times □)$번, 큰 바퀴의 회전수를 $(3 \times □)$번이라 하면 다음의 식이 성립합니다.

$(5 \times □) + (3 \times □) = 40$

→ $8 \times □ = 40$

→ $□ = 5$

두 바퀴의 회전수의 합이 40일 때 작은 바퀴는 $5 \times 5 = 25$(번), 큰 바퀴는 $3 \times 5 = 15$(번) 됩니다.

큰 바퀴가 15번 회전할 때 움직인 길이는(원주)×(회전수)이므로 $2 \times 20 \times 3 \times 15 = 1800$(cm)이고, 벨트의 길이가 6m = 600cm이므로 벨트의 회전수는 $1800 \div 600 = 3$(번)입니다.

> **팁**
> 큰 바퀴와 작은 바퀴가 회전하면서 움직이는 길이는 어차피 같으므로, 작은 바퀴가 25번 회전하는 것을 이용해 벨트의 회전수를 구해도 됩니다. 작은 바퀴가 25번 회전했으므로 큰 바퀴가 움직인 길이는 $2 \times 12 \times 3 \times 25 = 1800$(cm)입니다.

6

1단계	분모는 분모끼리, 분자는 분자끼리 각각 규칙을 찾아봅니다.
2단계	분자의 규칙을 살펴봅니다. 2씩 늘어납니다.
3단계	분모의 규칙을 살펴봅니다. 4씩 늘어납니다.

늘어놓은 수의 규칙을 알아보면 분모는 4부터 4씩 커지고, 분자는 1부터 2씩 커집니다.

따라서 ㉠ = $\frac{7+2}{16+4} = \frac{9}{20}$, ㉡ = $\frac{13+2}{28+4} = \frac{15}{32}$

따라서 ㉠ ÷ ㉡ = $\frac{9}{20} \div \frac{15}{32} = \frac{9}{20} \times \frac{32}{15} = \frac{24}{25}$

7

단계별 힌트

1단계	어제 낮 12시에서 오늘 오후 6시까지는 몇 시간입니까?
2단계	시계를 맞춘 시각부터 오늘 오후 6시까지의 시간을 24시간과 비교해 봅니다.
3단계	비례식을 이용해서 풀어 봅니다.

어제 낮 12시부터 오늘 오후 6시까지는 30시간입니다. 30시간 동안 빨라지는 시간을 □분이라고 하면 다음의 비례식을 세울 수 있습니다.

$24:4=30:□$

$→ 24×□=4×30$

$→ □=120÷24=5(분)$

오늘 오후 6시에 가리키는 시각은 오후 6시 5분입니다.

8

단계별 힌트

1단계	반지름이 ㉠과 ㉡인 원의 원주와 넓이를 ㉠과 ㉡을 포함한 식으로 각각 구해 봅니다.
2단계	㉠과 ㉡에 적당한 수를 대입해 봅니다.

1. 반지름이 ㉠cm, ㉡cm인 원의 원주를 각각 식으로 써 봅니다.

(큰 원의 원주)=㉡×2×3=㉡×6

(작은 원의 원주)=㉠×2×3=㉠×6

원주의 차는 6cm이므로 ㉡×6−㉠×6=6입니다.

양변을 6으로 나누면 ㉡−㉠=1이므로 ㉡=㉠+1입니다.

2. 반지름이 ㉠cm, ㉡cm인 원의 넓이를 각각 식으로 써 봅니다.

(큰 원의 넓이)=㉡×㉡×3

(작은 원의 넓이)=㉠×㉠×3

넓이의 차는 27cm²이므로 ㉡×㉡×3−㉠×㉠×3=27입니다.

양변을 3으로 나누면 ㉡×㉡−㉠×㉠=9입니다.

그런데 ㉡×㉡에서 ㉠×㉠을 빼서 9가 되었으므로 ㉡×㉡은 9보다 큽니다. 따라서 ㉡〉3입니다.

3. ㉠과 ㉡에 적당한 수를 넣어 계산해 봅니다.

㉡=4면 ①에서 ㉠=3인데, 4×4−3×3=16−9=7이므로 틀립니다. ㉡=5면 ①에서 ㉠=4이고 5×5−4×4=25−16=9이므로 맞습니다. 따라서 ㉠=4, ㉡=5입니다.

4. (작은 원의 넓이)=4×4×3=48(cm²)입니다.

실력 진단 테스트
• 74쪽~81쪽

1. ㉡, $3\frac{1}{2}$　**2.** 7　**3.** $1\frac{1}{10}$배

4. 6월 20일 오후 1시　**5.** ②　**6.** 12150원

7. 144000원　**8.** 163.1kg　**9.** 2시간 48분

10. 3.78m　**11.** 4개　**12.** ②, ④

13. 5:9　**14.** 12cm, 2cm²　**15.** 387cm³

1 하
단계별 힌트

1단계	분수의 나눗셈 개념을 복습합니다.
2단계	분수의 나눗셈을 곱셈으로 고칠 때는 분수 하나만 뒤집습니다.

분수의 나눗셈을 곱셈으로 고치기 위해 이미 $\frac{6}{7}$을 $\frac{7}{6}$로 뒤집었으므로, ㉡에서 $\frac{3}{1}$을 $\frac{1}{3}$로 뒤집으면 안 됩니다.

바른 계산은 다음과 같습니다.

$3÷\frac{6}{7}=\frac{3}{1}÷\frac{6}{7}=\frac{3}{1}×\frac{7}{6}=\frac{7}{2}=3\frac{1}{2}$

2 하
단계별 힌트

1단계	나누기를 곱하기로 고쳐서 생각하면 편합니다.
2단계	몫이 자연수이므로 □ 안에는 7의 배수가 들어가야 합니다.

$\frac{6}{7}÷\frac{3}{□}=\frac{6}{7}×\frac{□}{3}=\frac{2}{7}×□$

몫이 자연수이므로 □ 안에는 7의 배수가 들어가야 합니다.

따라서 몫이 가장 작을 때 □ 안에 알맞을 수는 7의 배수 중 가장 작은 수인 7입니다.

3 상
단계별 힌트

1단계	낮의 길이를 □시간이라고 놓고 식을 세워 봅니다.
2단계	밤의 길이는 $□+1\frac{1}{7}$이고, (낮의 길이)+(밤의 길이)=24입니다.
3단계	밤의 길이가 낮의 길이의 몇 배인지 구하려면 밤의 길이를 낮의 길이로 나누어 줍니다.

낮의 길이를 □시간이라고 하면 밤의 길이는 ($□+1\frac{1}{7}$)시간입니다. 하루는 24시간이므로 다음의 식이 성립합니다.

$□+□+1\frac{1}{7}=24$

$→ □+□=24-1\frac{1}{7}=22\frac{6}{7}=11\frac{3}{7}+11\frac{3}{7}$

$→ □=11\frac{3}{7}$

낮의 길이는 $11\frac{3}{7}$시간, 밤의 길이는 $11\frac{3}{7}+1\frac{1}{7}=12\frac{4}{7}$(시간)입니다. 밤의 길이가 낮의 길이의 몇 배인지 구하려면 밤의 길이를 낮의 길

이로 나누어 줍니다.

(밤의 길이)÷(낮의 길이)

$= 12\frac{4}{7} \div 11\frac{3}{7} = \frac{88}{7} \div \frac{80}{7} = 88 \div 80 = \frac{88}{80} = \frac{11}{10} = 1\frac{1}{10}$

동짓날 밤의 길이는 낮의 길이의 $1\frac{1}{10}$배입니다.

4 상 ──────────── 단계별 힌트

1단계	두 시계는 하루에 얼마나 차이 나게 됩니까?
2단계	$\frac{1}{15}$시간을 분으로 고쳐 봅니다.

두 시계는 하루에 $\frac{1}{10} + \frac{1}{6} = \frac{4}{15}$(분)씩 차이가 생깁니다.

$\frac{1}{15}$시간은 $\frac{1}{15} \times 60 = 4$(분)이므로 두 사람의 시계가 가리키는 시각의 차가 $\frac{1}{15}$시간, 즉 4분이 되는 때는 $4 \div \frac{4}{15} = 4 \times \frac{4}{15} = 15$(일) 후입니다.

6월 5일 오후 1시를 기준으로 15일 후는 6월 20일 오후 1시입니다.

5 중 ──────────── 단계별 힌트

1단계	2시간 15분을 시간으로 고친 후, 1시간 동안 새는 물의 양을 알아봅니다.
2단계	통에 받은 물의 양을 물을 받은 시간으로 나누면 1시간 동안 새는 물의 양이 나옵니다.

2시간 15분은 $2\frac{15}{60}$시간$= 2\frac{1}{4}$시간입니다.

1시간 동안 새는 물의 양은 (통에 받은 물의 양)÷(물을 받은 시간)이므로 다음의 식을 세울 수 있습니다.

$4\frac{7}{8} \div 2\frac{1}{4} = \frac{39}{8} \div \frac{9}{4} = \frac{39}{8} \times \frac{4}{9} = \frac{13}{6} = 2\frac{1}{6}$(L)

답은 ②번입니다.

6 상 ──────────── 단계별 힌트

1단계	1km를 가는 데 필요한 휘발유의 양은 어떻게 구할 수 있습니까?
2단계	6km를 가는 데 필요한 휘발유의 양은 몇 L이며, 그 값은 얼마입니까?

(1km를 가는 데 필요한 휘발유의 양)

$= \frac{2}{7} \div \frac{4}{15} = \frac{2}{7} \times \frac{15}{4} = \frac{15}{14} = 1\frac{1}{14}$(L)

(6km를 가는 데 필요한 휘발유의 양)

$= 1\frac{1}{14} \times 6 = \frac{15}{14} \times 6 = \frac{45}{7} = 6\frac{3}{7}$(L)

(휘발유의 가격)

$= 1890 \times 6\frac{3}{7} = 1890 \times \frac{45}{7} = 12150$(원)

7 하 ──────────── 단계별 힌트

1단계	설탕을 몇 봉지 만들 수 있습니까?
2단계	전체 무게를 한 봉지의 무게로 나누면 만들 수 있는 설탕 봉지의 수를 구할 수 있습니다.

설탕 봉지의 수는 $135.36 \div 1.88 = 13536 \div 188 = 72$(개)입니다.
따라서 모두 팔았을 때 판매 금액은 $72 \times 2000 = 144000$(원)입니다.

8 하 ──────────── 단계별 힌트

1단계	2시간 15분을 시간으로 고쳐야 합니다. 소수로 고치면 2.25시간입니다.
2단계	367kg을 2시간 15분으로 나누면 1시간에 만드는 사료의 양이 나옵니다.

2시간 15분을 소수로 고치면 2.25시간입니다.
367kg을 2시간 15분으로 나누면 1시간에 만드는 사료의 양이 나옵니다.
$367 \div 2.25 = 163.11\cdots$이므로 약 163.1kg입니다.

9 상 ──────────── 단계별 힌트

1단계	강물과 배가 1시간 동안 움직이는 거리를 구해 봅니다.
2단계	배가 강을 거슬러 가기 때문에 배의 속력에서 강물의 속력을 빼야 합니다.

45분을 소수로 고치면 0.75시간이므로
(강물이 1시간 동안 흐르는 거리)$= 18.6 \div 0.75 = 24.8$(km)입니다.
한편 배가 1시간 동안 움직인 거리는 $25.8 \div 0.5 = 51.6$(km)
따라서 배가 강을 거슬러 1시간 동안 가는 거리는
$51.6 - 24.8 = 26.8$(km)입니다.
1시간 동안 26.8km를 가는 배가 75.04km를 가는 데 걸리는 시간은 $75.04 \div 26.8 = 2.8$(시간)입니다.
0.8시간은 48분이므로 2.8시간은 2시간 48분입니다.

10 중 ──────────── 단계별 힌트

1단계	철민이가 전체의 0.58만큼 가졌다면 청솔이는 전체의 얼마를 가졌습니까?
2단계	청솔이가 가진 철사의 길이를 □라고 놓고 비례식을 세워 봅니다.

철민이가 전체의 0.58만큼 가졌으므로 청솔이는 전체의 0.42만큼 가졌습니다. 청솔이가 가진 철사의 길이를 □m라고 하면, 다음과 같은 비례식이 성립합니다.

$0.58 : 5.22 = 0.42 : □$

내항과 외항을 곱하면 □×0.58=5.22×0.42
→ □=5.22×0.42÷0.58=3.78(m)
청솔이가 가진 철사의 길이는 3.78m입니다.

11 상
단계별 힌트

1단계	위에서 본 모양에 가능한 쌓기나무의 개수를 써 봅니다.
2단계	위에서 본 모양에 어디가 앞이고 어디가 옆인지 쓰면 수를 세는 데 편리합니다.
3단계	감이 오지 않는다면 직접 쌓기나무로 모양을 만들어 봅니다.

앞과 옆에서 본 모양을 보고 위에서 본 모양의 각 자리에 쌓은 쌓기나무의 개수를 알 수 있는 것부터 수를 씁니다.

1. 가장 많이 필요한 경우

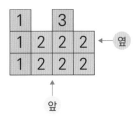

→ 1+3+1+2+2+2+1+2+2+2=18(개)

2. 가장 적게 필요한 경우

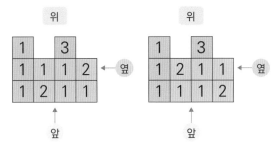

→ 1+3+1+1+1+2+1+2+1+1=14(개)
따라서 필요한 쌓기나무의 차이는 18−14=4(개)입니다.

12 하
단계별 힌트

1단계	비례배분의 개념을 복습합니다.

각 비를 가장 간단한 자연수의 비로 만들어 4:9와 같은지 비교합니다.
① 9:4 ② 4:9 ③ 9:4 ④ 4:9 ⑤ 9:4
답은 ②번과 ④번입니다.

13 상
단계별 힌트

1단계	삼각형 ㉯의 밑변의 길이를 □라고 놓고 비례식을 이용해 계산합니다.
2단계	사다리꼴 ㉰의 윗변의 길이와 아랫변의 길이의 합을 △라고 놓고 비례식을 이용합니다.

1. 삼각형 ㉯의 밑변의 길이를 □cm라 놓고 식을 세워 봅니다. 직사각형의 세로와 삼각형의 높이가 같으므로
(직사각형 ㉮의 넓이):(삼각형 ㉯의 넓이)=6×(세로):□×(높이)÷2
→ (직사각형 ㉮의 넓이):(삼각형 ㉯의 넓이)=6:(□÷2)
직사각형 ㉮와 삼각형 ㉯의 넓이의 비는 3:2이므로,
6:(□÷2)=3:2
→ 6:(□÷2)=6:4
→ □÷2=4
→ □=8

2. 사다리꼴 ㉰의 윗변의 길이와 아랫변의 길이의 합을 △cm라 하고 식을 세워 봅니다.
(삼각형 ㉯의 넓이):(사다리꼴 ㉰의 넓이)
 ={8×(높이)÷2}:{△×(높이)÷2}
→ (삼각형 ㉯의 넓이):(사다리꼴 ㉰의 넓이)=8:△
삼각형 ㉯와 사다리꼴 ㉰의 넓이의 비가 5:7이므로
8:△=5:7
→ 5×△=7×8
→ 5×△=56
→ △=11.2
사다리꼴 ㉰의 윗변의 길이가 4cm이므로 아랫변의 길이는
11.2−4=7.2(cm)입니다.
(윗변의 길이):(아랫변의 길이)=4:7.2=40:72=5:9

14 상
단계별 힌트

1단계	색칠한 부분의 둘레를 큰 원과 작은 원으로 나누어 사분원 모양으로 분석합니다.
2단계	넓이를 구하기 위해서는 원의 모양만 가지고는 넓이를 구하기 힘듭니다. 두 개의 작은 반원이 아닌, 두 개의 작은 사분원과 정사각형 하나로 생각해 봅니다.
3단계	큰 사분원의 넓이에서 무엇을 빼야 색칠한 부분의 넓이를 구할 수 있을지 생각해 봅니다.

1. 둘레를 구해 봅니다.

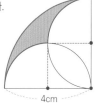

그림과 같이 주어진 도형의 둘레는 빨간색으로 표시한 길이와 파란색으로 표시한 길이의 합으로 볼 수 있습니다.

빨간색으로 표시한 길이는 지름이 4cm인 사분원의 둘레가 2개 있는 것이므로, $4 \times 3 \div 4 \times 2 = 6$(cm)입니다.

파란색으로 표시한 길이는 지름이 8cm인 사분원의 둘레이므로 $8 \times 3 \div 4 = 6$(cm)입니다.

따라서 도형의 둘레는 $6+6 = 12$(cm)입니다.

2. 넓이를 구해 봅니다.

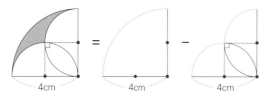

색칠된 부분의 넓이는 반지름이 4cm 사분원의 넓이에서 반지름이 2cm인 사분원의 넓이 2개, 그리고 한 변의 길이가 2cm인 정사각형의 넓이를 빼서 구할 수 있습니다.

$4 \times 4 \times 3 \div 4 - 2 \times 2 \times 3 \div 4 \times 2 - 2 \times 2 = 12 - 6 - 4 = 2$(cm²)입니다.

15 [상] ───────────────── 단계별 힌트

1단계	회전한 도형을 한번 그려 봅니다.
2단계	한꺼번에 생각하려면 조금 복잡하니, 원기둥을 나누어서 생각해 봅니다.
3단계	그대로 돌리면 가운데에 비어 있는 원기둥이 생기니 그 부분은 빼야 합니다.

다음과 같이 도형을 나누면 계산이 쉽습니다.

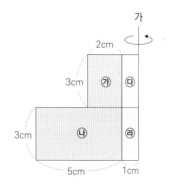

㉮와 ㉯를 회전시킨 원기둥의 부피와 ㉯와 ㉣를 회전시킨 원기둥의 부피를 더한 후, ㉯와 ㉣를 회전시킨 원기둥의 부피를 빼면 ㉮와 ㉯를 회전시킨 도형의 부피를 구할 수 있습니다.

㉮와 ㉯를 회전시킨 원기둥의 부피는 $3 \times 3 \times 3 \times 3 = 81$(cm²)입니다.

㉯와 ㉣를 회전시킨 원기둥의 부피는 $6 \times 3 \times 3 \times 3 = 324$(cm²)입니다.

㉯와 ㉣를 회전시킨 원기둥의 부피는 $1 \times 1 \times 3 \times 6 = 18$(cm²)입니다.

(전체 도형의 부피)$= 324 + 81 - 18 = 387$(cm³)

실력 진단 결과

채점을 한 후, 다음과 같이 점수를 계산합니다.

(내 점수)$=$(맞은 개수)$\times 6 + 10$(점)

내 점수: _____ 점

점수별 등급표

90점~100점: 1등급(~4%)

80점~90점: 2등급(4~11%)

70점~80점: 3등급(11~23%)

60점~70점: 4등급(23~40%)

50점~60점: 5등급(40~60%)

※해당 등급은 절대적이지 않으며 지역, 학교 시험 난도, 기타 환경 요소에 따라 편차가 존재할 수 있으므로 신중하게 활용하시기 바랍니다.